策马ESG系列

丛书主编　唐　兴

上海现代服务业联合会

天津外国语大学策马ESG产业学院　　推荐教材

广东省商业联合会ESG服务中心

ESG入门指南

ESG: A BEGINNER'S GUIDE

主　编　刘　潇

副主编　张　丽　张尚轩　韩晓梅

编　委　郭艳卿　陈玉洁　赵玉琪　刘俊芳　姜　峰　郭苓歆

复旦大学出版社

前言

这本初级教材旨在引导您进入环境、社会和公司治理（environmental，social，and governance，ESG）的世界。在这个充满挑战与机遇的时代，ESG 已成为全球企业和投资者不可或缺的一部分，它不仅关系到企业的长期成功，更是推动社会可持续发展的关键力量。当前，ESG 实践在快速发展中。一方面，国际社会 ESG 的相关标准越来越严格和完善。另一方面，我国各相关部门也陆续出台各类政策和法规，确保ESG 未来的发展更加规范、高质量，使 ESG 理念在企业和社会可持续发展方面产生更加积极和深远的影响。我国企业也积极采取行动，提高在国际市场的竞争力，为全球可持续发展贡献自己的力量。

1. 本书的目的

本书的核心宗旨在于为读者打造一个全面而深入的 ESG 概念框架，使读者能够深刻理解 ESG 在当代商业运作和社会进步中的核心地位及重要性。我们希望读者通过对本书的学习，不仅掌握 ESG 的基本原则和实践应用，更能够洞察 ESG 在推动全球可持续发展中的关键作用。

本书期望激发读者的思考，鼓励读者将 ESG 理念融入个人和组织的日常决策，从而为构建一个更加可持续的未来贡献力量。我们希望每位读者都能在 ESG 领域获得坚实的知识基础，并以此为基石，参与全球可持续发展的宏伟事业。

2. 内容概览

本书以对 ESG 基础概念和发展历史的全面介绍开篇，逐步引领读者深入探索 ESG 的多个维度。从基础理论到实践应用，本书涵盖了 ESG 信息披露的重要性、ESG 投资的策略与机遇，以及科技进步如何给 ESG 领域带来挑战与创新机遇等内容。每一章节都精心设计，旨在以通俗易懂且富有洞见的方式，向读者传达实用的信息和深入的分析。本书不仅注重知识的传授，更强调启发思考，鼓励读者将 ESG 理念应用于实际情境，以促进个人、组织乃至整个社会的可持续发展。

通过对本书的学习,读者将获得一个系统的认识框架,不仅理解 ESG 的内涵和外延,更掌握其在现实世界中的应用和影响。我们期待本书能成为读者在 ESG 领域探索和实践的宝贵指南。

3. 特点介绍

本书全面覆盖了 ESG 的各个关键领域,以浅显易懂的语言对专业术语进行了详尽的阐释,确保读者能够轻松掌握 ESG 的核心概念。为了使知识体系更加条理化,易于初学者吸收和理解,我们采用了图表、表格等可视化工具来组织内容,将复杂的信息以结构化的方式呈现。本书在编写过程中特别注重权威性和实用性,通过精心挑选和引用国际权威机构发布的报告,力求为读者呈现最具代表性和影响力的行业报告,为读者深入了解和研究 ESG 领域提供第一手代表性资料。

书中还巧妙地穿插了一系列讨论问题,旨在激发读者的思考,引导他们探索 ESG 领域的更深层次意义。本书不仅注重知识的传授,更强调思考与实践的结合,鼓励读者主动参与 ESG 议题的讨论和实践,从而培养批判性思维能力和解决问题的能力。通过阅读本书,初学者将能够构建起对 ESG 的全面认识,并为其日后的研究和实践打下坚实基础。

4. 读者对象

本书面向广泛的读者群体,无论您是刚刚踏入大学校园的新生、肩负企业运营重任的管理人员、寻求投资机遇的投资者、参与政策制定的决策者、积极推动社会变革的活动家,还是对 ESG 理念及可持续发展深感兴趣的普通读者,都能从书中获得宝贵的知识财富和思想启迪。

目录

第一章

ESG 基础理论

第一节　ESG 概述

在人类历史的长河中,从木材到煤炭,从石油到可再生能源,每一次能源升级均促进了社会生产力、科学技术、人类文明的显著进步。然而,这些工业技术革命的突破和人类社会文明的进步不可避免地对自然环境造成了显著的影响。对自然资源的开发与利用在推动人类文明发展的同时,也带来了一系列环境和社会问题,引起国际社会普遍的关注和反思。可持续发展理念诞生以来,迅速成为国际社会共同的目标和发展理念。围绕可持续发展的指导原则,ESG 理念应运而生。

ESG 是环境(environmental)、社会(social)和公司治理(governance)的英文首字母缩写。ESG 最初作为金融投资的理念和标准被提出,即投资机构通过企业 ESG 评价优化投资决策,近年也被广泛应用在企业管理中。其核心理念是企业的生产经营活动在追求经济目标的同时必须考虑企业环境责任、社会责任、公司治理等多维度的平衡。2004 年,联合国全球契约组织(United Nations Global Compact, UNGC)发布了《在乎者即赢家》(Who Cares Wins)报告,首次提出 ESG 理念,以及将其整合应用于金融分析、资产管理和证券交易的建议。2006 年,由时任联合国秘书长科菲·安南(Kofi Annan)牵头成立负责任投资原则组织(Principles for Responsible Investment, PRI),并提出了六项基本投资原则。ESG 理念是可持续发展理念在企业界具体的投影[1],越来越多的企业在企业公司治理理念中贯彻 ESG 理念,金融投资机构在投资体系中强化 ESG 标准,各国政府、监管机构、证券交易所也陆续制定相关政策加强 ESG 信息披露要求和监管,逐步形成一套完善的理论体系和实践方法。

中国的 ESG 实践起步较晚,但对 ESG 的重视与国家发展战略紧密相连,特别是在推动绿色发展、实现"双碳"目标以及促进社会和谐与公司治理现代化等方面表现突出。2023 年,我国在 ESG 相关领域出台多项政策和文件,体现了党和国家对推动企业可持续发展和促进 ESG 实践的高度重视,为 ESG 在中国的实践提供了具体的指导方向。

---

① 　王大地,黄洁. ESG 理论与实践[M]. 北京:经济管理出版社,2021:1.

本章旨在全面介绍 ESG 的概念、发展历程、重要意义、生态体系以及其与中国经济高质量发展的联系。本章的目的是为读者提供一个清晰的视角,帮助读者理解 ESG 理念的内涵和重要意义,为进一步深入研究 ESG 实践奠定基础。

一、什么是 ESG

(一) ESG 的定义

ESG 代表了与企业运营相关的环境、社会及公司治理综合因素,通常把这些因素称为 ESG 议题。作为评价企业可持续发展和社会责任的标准,对于 ESG 全球尚未形成一个统一且公认的定义,但对 ESG 通常都会围绕三个核心维度进行解释(见表 1-1)。

表 1-1　ESG 代表性议题

环境 (environmental)	社会 (social)	公司治理 (governance)
企业对气候的影响 企业对自然资源的保护 企业生产过程中的废物和消耗防治 环境治理 绿色技术 环保投入 发掘可再生能源的可能性 建造更环保建筑的可能性 ……	员工福利与健康 产品质量安全 隐私数据保护 产业扶贫 乡村振兴 性别及性别平等 人权政策 反强迫劳动,反歧视 社区沟通 ……	股权结构 会计政策 薪酬体系 道德行为准则 反不公平竞争 风险管理 信息披露 董事会独立性 ……

(1) 环境:关注企业对自然环境的影响,包括但不限于能源使用、废物管理、污染控制、温室气体排放、自然资源保护、对气候变化的应对措施等。

(2) 社会:涉及企业与员工、客户、供应商以及所在社区的关系,包括劳工标准、员工健康与安全、多样性与包容性、消费者保护、社区参与、供应链管理等。

(3) 公司治理:包括企业的管理结构、董事会的组成与功能、薪酬政策、内部控制、股东权利、透明度、企业的行为准则等。

以 ESG 评级机构明晟(MSCI)为例,在其报告中将环境、社会、社会治理定义为三个支柱(pillars),分别有各自的主题(themes)及议题(issues),共 10 个主题、33 个议题,具体如表 1-2 所示。

表 1-2 明晟 MSCI ESG 评级关键议题层级结构

三大支柱	10 个主题	33 个 ESG 关键议题
环境 社会	气候变化	碳排放
		气候变化脆弱性
		影响环境的融资
		产品碳足迹
	自然资本	生物多样性和土地利用
		原材料采购
		水资源短缺
	污染和废弃物	电子废弃物
		包装材料和废弃物
		有毒排放和废弃物
	环境机遇	清洁技术机遇
		绿色建筑机遇
		可再生能源机遇
	人力资本	健康与安全
		人力资本开发
		劳工管理
		供应链劳工标准
	产品责任	化学安全性
		消费者金融保护
		隐私与数据安全
		产品安全与质量
		负责任投资

续　表

三 大 支 柱	10 个 主 题	33 个 ESG 关键议题
环境 社会	利益相关者异议	社区关系
		争议性采购
	社会机遇	融资可得性
		医疗保健服务可得性
		营养和健康领域的机会
治理	企业治理	董事会
		薪酬
		所有权和控制权
		会计
	企业行为	商业道德
		税务透明度

资料来源：MSCI ESG Research LLC. ESG 评级方法论［R］. 2024：2.

作为一种投资理念和评价体系，ESG 实践和应用包含三大主要环节。

（1）ESG 披露（disclosure）：指企业通过 ESG 报告等形式向外部利益相关方公开其在环境、社会和公司治理方面的表现和政策，公开企业在 ESG 相关领域的努力和成效。ESG 披露可分为两种类型，即强制披露和自愿披露。披露的透明度和质量对于投资者和其他利益相关方了解企业的 ESG 表现至关重要。

（2）ESG 评价（assessment）：指对企业 ESG 表现的量化分析，通常由第三方评价机构进行。第三方评价机构根据既定的 ESG 标准评估企业的 ESG 表现，并将结果以评分或评级的形式呈现。评价结果可以帮助投资者做出投资决策，也可以帮助企业识别 ESG 风险和机遇。

（3）ESG 投资（investment）：指投资者在投资决策过程中，采用 ESG 投资策略综合考虑企业的 ESG 表现。ESG 投资与可持续投资、社会责任投资、影响力投资、绿色金融等概念既有一定关联性，又存在差异性，将在专门章节中详细介绍。ESG 投资策略主要有负面筛选、正面筛选、主题投资、ESG 整合等七大投资策略。全球可持续投资联盟（Global Sustainable Investment Alliance ，GSIA）等机构每年都会发布基于这些策略的资产数据。表 1-3 为 2022 年全球可持续投资联盟报告中全球可持续投资的资产管理规模数据。

表 1-3　可持续投资资产管理规模数据（2016—2022）

（单位：十亿美元）

区　域	2016 年	2018 年	2020 年	2022 年*	2022 年
各地区总资产管理规模（单位：美元）	81,948	91,828	98,416	57,887	124,487
仅可持续投资的资产管理规模（单位：美元）	22,872	30,683	35,301	21,921	30,321
%可持续投资	27.9%	33.4%	35.9%	37.9%	24.4%
可持续投资增长%（与上一时期相比）	—	34%	15%	20%	—

注：2022 年*数据不包括美国，这是因为方法论的变化及为了实现各地区之间的一致性比较。
资料来源：Global Sustainable Investment Alliance（GSIA）. Global Sustainable Investment Review 2022［R/OL］. 2023：13. https://www.gsi-alliance.org/wp-content/uploads/2023/12/GSIA-Report-2022.pdf.

这三大环节相互关联，共同构成了 ESG 生态系统的核心。企业的 ESG 披露为评价提供了基础数据，评价结果又为投资决策提供了依据。国家各级政府、自律性组织（如交易所、行业协会）、国际标准化组织也通过发布各类政策法规、指导原则、评价体系和报告框架，促进企业 ESG 信息披露的规范性和透明度，并逐步开始全球统一评价标准的进程。

尽管 ESG 理念在全球得到了广泛的推广和实践，但不同国家和地区在文化、法律和市场环境方面存在差异，在企业规模、行业特性及发展阶段上也不同，造成其对 ESG 的理解和实践有一定差异，这些多重因素都增加了 ESG 实践的多样性和复杂性。

（二）ESG 的发展

ESG 的起源和发展深植于时代的社会历史背景之中，它随着时代的演进和社会挑战的演变而不断深化。如今，ESG 已经成为评价企业在环境保护、社会责任和公司治理三个关键维度上表现的重要标准，不仅是衡量企业综合绩效的尺度，也是指导可持续投资决策的重要原则。

在探讨 ESG 的历史渊源和演进路径时,学术界和实践界呈现出多样化的观点和理论。一些观点将 ESG 视为企业社会责任(corporate social responsibility, CSR)概念的延伸和深化。这种观点认为,随着企业对经济、法律和伦理责任认识的提升,环境保护和社会责任逐步融入企业的战略规划和日常运营。ESG 因此被看作 CSR 理念的进一步发展,它将 CSR 的实践更加细化和系统化,为企业在环境、社会和治理方面的责任和绩效设定了明确的标准。也有观点认为 ESG 是"联合国的语言",是一个独立形成的概念①,其发展在很大程度上受到金融市场和投资者需求的驱动。特别是 2004 年联合国全球契约组织发布的《在乎者即赢家》报告提出 ESG 框架之后,ESG 迅速成为衡量企业非财务绩效的关键指标,被投资界和企业界广泛接受,并在投资决策和企业战略规划中发挥重要作用。这一观点强调,ESG 特别重视公司治理、风险管理和长期价值创造,这些方面在传统的 CSR 概念中并不显著。

接下来的章节将通过一系列代表性事件,追溯 ESG 理念几十年的发展历程,为读者勾勒 ESG 理念发展的历史轨迹。这将包括对 ESG 理念的深入分析,探讨它如何从 CSR 逐渐演化而来,或是如何作为一个独立的概念应运而生,以及这两种观点如何共同影响着当代企业对可持续发展的理解和实践。通过这样的历史回顾,我们可以更好地理解 ESG 在当代商业环境中的重要性和影响力。

1. 早期萌芽期(20 世纪 60 年代—20 世纪 80 年代,见图 1-1)

20 世纪 60 年代,早期社会责任投资(socially responsible investment, SRI)的概念逐步形成,但其理念基础又可追溯到 18 世纪的宗教团体信念,即道德投资(ethical investment)。道德投资的根源又可以追溯到圣经时代,当时犹太人根据宗教教义制定了一些道德准则来指导投资行为,避免人们投资于与宗教信仰相违背的行业。这种以道德和宗教原则为基础的投资方式,是社会责任投资的早期形式。美国贵格会教徒在道德投资历史上占有重要地位。17 世纪,乔治·福克斯(George Fox)创建贵格会教派,其教徒倡导人权平等和反对暴力,并且在投资决策中也遵循这些标准。1758 年,北美贵格会宣布其教徒不得从武器和奴隶贸易中获利,这进一步体现了宗教团体在道德投资方面的实践和影响力。1760 年,美国卫理公会创始人约翰·卫斯理(John Wesley)发表《论金钱的使用》,提出"使用金钱的人不应该参与罪恶的交易"。

---

① 诸大建. ESG 不是伦理道德,而是企业向可持续商业转型的新工具[EB/OL]. (2023-12-22)[2024-06-25]. https://www.thepaper.cn/newsDetail_forward_25750213.

● --- 16世纪
乔治•福克斯创建的贵格会倡导人权平等和反对暴力，贵格会教徒在投资中遵循这些标准。

● --- 18世纪
宗教团体信念形成了早期的道德投资 。犹太教教义制定道德准则，避免人们投资于违背宗教信仰的行业。

● --- 1758年
北美贵格会宣布其教徒不得从武器和奴隶贸易中获利，体现了宗教团体在道德投资方面的实践和影响力。

● --- 1760年
美国卫理公会创始人约翰•卫斯理(John Wesley)发表《论金钱的使用》，提出"使用金钱的人不应该参与罪恶的交易"。

● --- 1965年
瑞典"禁酒运动"盛行，世界上第一只伦理基金Aktie-Ansvar Aktiefond在斯德哥尔摩成立， 将酒精、烟草企业排除在外。

● --- 20世纪60年代
传统发达国家内部矛盾重重，反战反暴力、人权运动和绿色和平等思想令投资者开始通过投资表达政治诉求和价值取向。

● --- 1971年
帕克斯全球资产管理公司在美国成立了世界上第一只社会责任共同基金——帕克斯世界基金，标志着社会责任投资在金融领域的正式确立。

● --- 1972年
6月，联合国在瑞典斯德哥尔摩召开了首次"联合国人类环境会议"，通过《联合国人类环境会议宣言》，强调保护环境是人类共同责任。

● --- 1984年
友诚基金推出具有社会责任投资性质的信托基金—— 友诚基金托管信托。

● --- 1987年
联合国世界环境与发展委员会发布《我们共同的未来》，明确可持续发展的概念，为环境政策和国际发展战略制定提供理论基础。

● --- 1988年
梅林生态基金 (Merlin Ecology Fund) 在英国宣布成立，开启"环境保护投资"的实践。

● --- 1989年
"埃克森•瓦尔迪兹"号油轮重大漏油事件加深了大众对环境保护的认识。

图 1-1　早期萌芽期

这些道德投资的原则主要被宗教组织执行并成为社会责任投资的思想基础。

1965 年，在"禁酒运动"(the temperance movement) 盛行的瑞典，世界上第一只伦理基金 Aktie-Ansvar Aktiefond 在斯德哥尔摩成立，明确将酒精、烟草企业从资产组合中排除。这与社会责任投资的负面筛选(negative screening)原则相符，即识别并排除那些与投资者的道德、社会或环境标准不符的公司或行业。Aktie-Ansvar Aktiefond 基金的成立被认为是社会责任投资原则早期实践的例子，它体现了投资者对于促进社会福祉和环境保护的关注，以及希望通过投资活动来推动社会价值和道德标准的愿景。

　　20 世纪 60 年代,传统的发达国家内部矛盾重重,社会问题不断涌现,第三世界国家迅速崛起,世界政治格局和社会意识形态都出现了新的变化趋势。反战反暴力、人权运动、绿色和平等思想意识的出现令投资者开始通过投资行为来表达自己的政治诉求和价值取向。因此,早期社会责任投资开始关注越南战争、南非种族隔离等更宽泛的社会问题,开始综合考虑社会责任、伦理和环境行为等非财务指标投资策略。1971 年,帕克斯全球资产管理公司在美国成立了世界上第一只社会责任共同基金——帕克斯世界基金(Pax World Funds)①,该基金的成立标志着社会责任投资在金融领域的正式确立,为投资者提供了一种新的投资选择,允许他们在追求财务回报的同时考虑社会和道德价值。

　　1972 年 6 月 5—16 日,联合国在瑞典首都斯德哥尔摩召开了历史上首次联合国人类环境会议,这次会议通常被称为"斯德哥尔摩人类环境会议"。会议期间,来自 113 个国家的代表们共同讨论了全球环境问题,并最终通过了《联合国人类环境会议宣言》,又称《斯德哥尔摩宣言》。宣言中提出了只有一个地球的观点,并强调了保护环境是人类共同的责任,宣言还呼吁各国政府和人民采取行动防止环境退化、污染和资源枯竭。《斯德哥尔摩宣言》的发布标志着全球环境保护运动的开始,促进了国际社会对环境问题的广泛关注,并为后续的环境政策和国际环境协议奠定了基础。

　　1984 年,友诚基金在英国推出了友诚基金托管信托(Friends Provident Fund Stewardship Trust)。该基金的成立是社会责任投资历史上的一个重要里程碑,它不仅展示了社会责任投资原则在实际投资决策中的应用,还推动了后来更多社会责任投资产品的出现和发展。

　　1987 年,联合国世界环境与发展委员会(World Commission on Environment and Development,WCED)在挪威前首相格罗·哈勒姆·布伦特兰(Gro Harlem Brundtland)的领导下,发布了一份开创性的报告《我们共同的未来》(Our Common Future),即《布伦特兰委员会报告》。该报告对于可持续发展的概念进行了明确的定义:"既满足当代人的需求,又不损害后代人满足其需求的能力"。这个平衡经济发展与环境保护的全新理念迅速成为国际社会广泛接受的对可持续发展的标准表述,为环境政策和国际发展战略制定提供了理论基础。《布伦特兰委员会报告》的发布促进

---

① 张帆.社会责任投资与金融伦理[J].合作经济与科技,2023(4):61-62.

了国际社会对可持续发展目标达成共识,并为后续环境领域的全球合作和国际协议奠定了基础。这份报告至今仍被视为可持续发展领域最重要的文献之一,其理念和原则继续指导着全球可持续发展的实践和政策制定。

1988 年,梅林生态基金(Merlin Ecology Fund)在英国宣布成立(后更名为木星生态基金,即 Jupiter Ecology Fund),该基金的成立被认为开启了"环境保护投资"的实践①。

1989 年,"埃克森·瓦尔迪兹"号油轮重大漏油事件是世界上最大的漏油事件之一,直接推动了美国《1990 年油污法》的出台②,也进一步加深了大众对环境保护的认识。

在这个时期,投资理念由早期强调道德、伦理的理念逐渐变为社会责任投资,催生了可持续发展理念,也孕育了 ESG 投资的萌芽。随着时间的推移,这些理念的深化和实践的积累逐渐演变和扩展,最终形成了更为全面和系统的 ESG 投资框架。

2. 确立发展期(20 世纪 90 年代—21 世纪初期,见图 1-2)

20 世纪 90 年代,随着全球化进程的加速和环境问题的日益严峻,可持续发展逐渐成为国际社会关注的焦点。经济全球化带来的机遇与挑战并存,环境、社会、经济、资源等问题日渐成为国际社会讨论的焦点。

1990 年 5 月,世界上第一个社会责任投资指数即多米尼 400 社会指数(Domini 400 Social Index)由 KLD 研究与分析有限公司(KLD Research & Analytics, Inc.)在美国发布。

1992 年联合国环境与发展大会,通常被称为"地球峰会",是可持续发展历史上的一个转折点。在这次会议上,通过了三份重要文件和公约。

(1)《里约环境与发展宣言》(Rio Declaration on Environment and Development):该宣言包含 27 条原则,强调了可持续发展的权利和责任,以及对环境问题的全球性响应。

(2)《21 世纪议程》(Agenda 21):这份详尽的行动计划旨在鼓励发展的同时保护环境。它涵盖了从消除贫困、环境保护到气候变化等一系列广泛议题,并提出了实

---

① 黄世中. ESG 理念与公司报告重构[J]. 财会月刊,2021(17):3-10.
② 韩家炳,高嘉欣. 美国"埃克森·瓦尔德斯号"油轮溢油事故的缘由、应对及影响[J]. 历史学研究,2023,11(1):9-17.

● --- 1990年5月
多米尼400社会指数 (Domini 400 Social Index) 发布, 这是世界上第一
个社会责任投资指数, 由KLD研究与分析有限公司在美国发布。

● --- 1992年
联合国环境与发展大会 (地球峰会) 在里约热内卢召开，标志着可持续
发展历史的转折点。通过了《里约热内卢环境与发展宣言》、《21世
纪议程》和《联合国气候变化框架公约》(UNFCCC)。

● --- 1997年
全球报告倡议组织 (GRI) 成立，由"对环境负责的经济体联盟"
(CERES) 和联合国环境规划署 (UNEP) 共同发起。GRI发布全球通用的
可持续发展报告框架。

● --- 2000年
碳排放信息披露项目 (CDP) 成立，鼓励和支持政府、企业披露其环境
信息，推动减少温室气体排放。2002年，CDP首次向全球500强企业发
出披露邀请。

● --- 2004年
联合国秘书长科菲·安南提出"在乎者即赢家"(Who Cares Wins)倡
议,鼓励将环境、社会和公司治理因素整合到投资决策中，标志着
ESG理念的正式诞生。

● --- 2006年
联合国成立负责任投资原则组织 (PRI)，提出ESG评价体系，帮助投资
者理解ESG对投资价值的影响。到2023年，超过5 370家机构签署了
PRI。

● --- 2007年
在达沃斯世界经济论坛 (WEF) 上，气候披露标准委员会 (CDSB) 成立,
为企业和政府提供环境与气候变化信息披露框架，2010年发布首份
《气候变化披露框架》，2013年将范围扩展至环境信息和自然资本。

图 1-2   确立发展期

现全球可持续发展的建议。

（3）《联合国气候变化框架公约》(United Nations Framework Convention on Climate Change, UNFCCC)：该公约是国际社会对气候变化问题的第一个正式回应，其目标是"稳定大气中的温室气体浓度"，以防止人类活动对气候系统的危险干扰。

这些文件和公约的通过标志着国际社会对于可持续发展的共同承诺，为后续的环境政策、国际合作以及各国国内的法规政策制定提供了指导，为 ESG 投资标准的制定奠定了基础。

1997 年，全球报告倡议组织(Global Reporting Initiative, GRI) 成立，它由美国非政府组织对环境负责的经济体联盟(Coalition for Environmentally Responsible Economies, CERES) 和联合国环境规划署(United Nations Environment Programme, UNEP) 共同发起。GRI 旨在促进企业建立问责机制、规范环境责任行为，并逐步拓展到社会、经济以及公司治理范畴。GRI 发布了一系列报告指南，为企业提供了一个全球通用的可

持续发展报告框架。GRI 的成立标志着可持续发展报告和信息披露走向标准化和国际化的重要一步。

2000 年,国际性的非营利组织碳信息披露项目(Carbon Disclosure Project,CDP)成立,总部位于英国,致力于通过鼓励和支持政府、企业披露其环境信息,推动减少温室气体排放,保护水和森林资源。2002 年,CDP 首次向世界上市值最大的 500 家公司发出了披露邀请,促使大型公司披露它们的温室气体排放和其他环境影响数据。截至 2023 年,全球有超过 23 000 家企业在 CDP 平台披露其环境数据。

2004 年,时任联合国秘书长科菲·安南提出了一个具有里程碑意义的倡议,即"在乎者即赢家"(Who Cares Wins),该倡议鼓励将环境、社会和公司治理因素整合到投资决策中。这一思想的提出标志着 ESG 理念的正式诞生,并且 ESG 理念迅速在全球范围内得到推广和认可。

2006 年,联合国成立了负责任投资原则组织(PRI),提出 ESG 评价体系,帮助投资者理解 ESG 对投资价值的影响,推动 ESG 投资理念在全球快速发展,并支持各成员方将这些因素纳入投资策略和决策过程。截至 2023 年 3 月末,已有超过 5 391 家机构加入 PRI(见图 1-3),成员机构主要为世界各地的养老金、保险、主权/发展基金、投资管理机构和服务商。

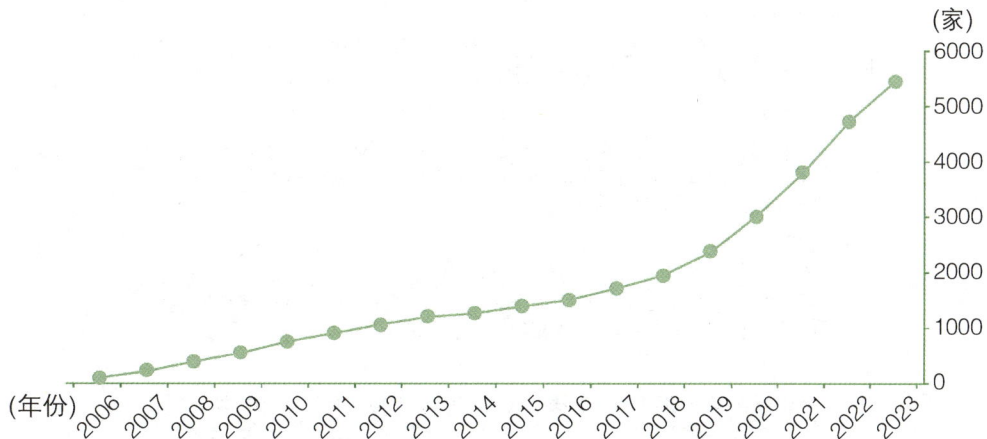

图 1-3　2006—2023 年 PRI 成员机构

资料来源:Principles for Responsible Investment (PRI). PRI Annual Report 2023 [R/OL]. 2023:21. https://dwtyzx6upklss. cloudfront. net/Uploads/z/s/n/pri_ar2023_smaller_file_8875. pdf.

2007 年,在达沃斯世界经济论坛(World Economic Forum,WEF)上,气候披露标准委员会(Climate Disclosure Standards Board,CDSB)成立,为企业和政府提供环境与气

候变化信息披露框架。该委员会于 2010 年发布了首份气候变化披露框架,并在 2013 年将披露框架覆盖的范围由气候变化和温室气体排放拓展至环境信息和自然资本。

相比早期萌芽时期,在确立发展期,社会责任投资的理念逐步趋于成熟。同时,随着 ESG 概念的诞生,更加明确把社会、环境、公司治理等指标作为投资决策的重要依据,ESG 信息披露的框架和评价标准也开始出现,逐渐成为投资机构衡量投资风险和投资收益的重要指标之一。

3. 统一标准期(21 世纪初期至今,见图 1-4)

2008年
全球金融危机爆发,促使投资者和政策制定者更加关注企业的长期可持续性与风险管理。ESG逐渐成为投资决策和企业管理的重要指标。

2013年12月
英国伦敦的国际综合报告委员会 (IIRC) 发布了第一版《综合报告框架》,奠定了综合报告的信息披露框架基础。2021年1月,IIRC 发布修改后的《综合报告框架》。

2017年
G20成员国组成的金融稳定理事会 (FSB) 的气候相关财务信息披露工作组(TCFD) 发布了第一份正式报告,即气候变化相关财务信息披露指南,涵盖治理、战略、风险管理和目标四个领域。

2018年
可持续发展会计准则委员会 (SASB) 发布了首套全球适用的可持续发展会计准则,为77个特定行业提供相关财务信息披露准则。

2020年
新冠疫情,使人们更加关注企业的社会责任和长期可持续发展能力。大数据、人工智能等新技术在ESG领域的应用愈加广泛。

2021年11月3日
在第26届联合国气候变化大会 (COP26) 上,国际财务报告准则基金会 (IFRS Foundation) 宣布成立国际可持续发展准则理事会(ISSB),提高可持续发展披露的全球一致性和可比性。

2022年11月
欧盟通过《企业可持续发展报告指令》(CSRD),取代2014年的《非财务报告指令》(NFRD),并于2023年7月通过《欧洲可持续发展报告标准》(ESRS),规范企业的ESG信息披露。

2023年
全球报告倡议组织 (GRI) 发布《可持续发展报告标准》中文版,提供被广泛认可的可持续发展报告标准,帮助各机构通报其在ESG方面的表现。

图 1-4　统一标准期

2008 年全球金融危机的爆发成为全球经济、政治格局一个转折点,促使全球投资者和政策制定者更加关注企业的长期可持续性与风险管理。在这样的背景下,ESG 作为评估企业长期价值和抵御风险能力的重要指标,逐渐成为投资决策和企业管理中不可或缺的一部分。伴随 ESG 理念影响力的持续扩大,各国的监管机构及证券交易所也陆续制定相关政策,加强上市公司的 ESG 信息披露管理,ESG 的评估标准和框架也日趋完善。

2013 年 12 月,成立于英国伦敦的国际综合报告委员会(International Integrated Reporting Committee,IIRC)发布了第一版《综合报告框架》(International Integrated Reporting Framework),奠定了综合报告的信息披露框架基础。2021 年 1 月,IIRC 发布了修改后的《综合报告框架》,重点领域包括商业模型考量、综合报告的责任、未来发展道路等。

2017 年,由 G20 成员国组成的金融稳定理事会(Financial Stability Board,FSB)的气候相关财务信息披露工作组(Task Force on Climate-Related Financial Disclosures , TCFD)发布了第一份正式报告,即气候相关财务信息披露指南,并于此后每年发布工作进展情况报告。TCFD 报告覆盖了治理、战略、风险管理和目标四个主题领域,旨在帮助金融机构充分评估气候变化对企业运营的影响,包括向低碳经济转型有关的潜在风险和机遇。

2018 年,可持续发展会计准则委员会(Sustainability Accounting Standards Board,SASB)发布了首套具有全球适用性的可持续发展会计准则,这些准则在环境、社会资本、人力资本、商业模式与创新、领导力与公司治理五个维度设立相关议题和指标,为 77 个特定行业提供相关的财务信息披露准则,这些准则特别关注对投资者决策有实质性影响的 ESG 因素。

这一时期,全球 ESG 投资规模持续快速增长。全球可持续投资联盟报告显示,截至 2022 年,全球 ESG 可持续投资规模达 30.3 万亿美元。除了美国外,其他国家和地区的 ESG 投资管理规模较 2020 年增长 20%。与此同时,ESG 的评估标准和框架也日趋完善,各国的监管机构及证券交易所陆续制定 ESG 相关政策法规,强化 ESG 信息披露管理。

2020 年的全球新冠疫情使得人们更加关注企业的社会责任和长期可持续发展能力。国际合作和 ESG 信息披露统一标准的要求愈加重要。大数据、人工智能等新技术的应用在 ESG 领域也愈加广泛,ESG 的发展面临着新的机遇和挑战。

2021 年 11 月 3 日,在第 26 届联合国气候变化大会(COP26)上,国际财务报告准则(International Financial Reporting Standards,IFRS)基金会宣布成立了国际可持续发展准则理事会(International Sustainability Standards Board,ISSB)。ISSB 的成立旨在制

定与国际财务报告准则相协同的可持续发展报告准则,提高公司可持续发展披露的全球一致性和可比性,满足投资者和其他资本市场参与者的需求。这一举措也标志着国际社会开始在全球范围内启动可持续信息披露标准统一化的工作。

2022 年 11 月,欧盟通过了《企业可持续发展报告指令》(Corporate Sustainability Reporting Directive,CSRD),取代了 2014 年发布的《非财务报告指令》(Non-Financial Reporting Directive,NFRD);2023 年 7 月,通过了 CSRD 的配套规则《欧洲可持续发展报告标准》(European Sustainability Reporting Standards,ESRS)。这些指令的颁布意味着欧盟将采用统一标准规范企业的 ESG 信息披露。

2023 年,全球报告倡议组织(GRI)发布中文版《可持续发展报告标准》。自从 2000 年第一版《可持续发展报告指南》发布后,GRI 指南经历了多个版本的变迁,成为全球应用最广泛的可持续发展报告框架,提供了一套被广泛认可的可持续发展报告标准,帮助各种机构通报其在 ESG 方面的表现。

什么是 COP?

COP 即《联合国气候变化框架公约》缔约方会议(Conference of the Parties)。每年,公约缔约方派代表参加缔约方会议,共同讨论如何应对全球气候变化等问题。首次 COP 于 1995 年 3 月在德国柏林举行。2023 年,第 28 届联合国气候变化大会(COP28)在迪拜顺利举办。

综上所述,在国际组织和各国政府的共同推动下,ESG 日趋成熟,其实践标准也正向着标准化、国际化、体系化、全面化和技术化的方向发展。展望未来,ESG 的全球统一标准有望进一步形成,法规和政策将得到加强,投资者将在推动企业改善 ESG 表现方面发挥更大作用,ESG 也将进入一个新的历史发展时期。

(三)ESG 的重要意义

ESG 作为近年来新兴的投资理念和企业评价标准,对企业的可持续发展意义重大,也是实现联合国可持续发展目标(Sustainable Development Goals,SDGs)的重要途径之一。它为全球可持续发展提供了行动框架,并深刻影响着企业的战略决策、运营实践和长期价值观。

根据 2022 年全球可持续投资联盟的数据,ESG 投资在全球范围内呈现显著增长(除美国外),较 2020 年 ESG 投资管理规模增长 20%,ESG 投资管理规模占总管理规模的比例由 35.9% 上升至 37.9%。

ESG 对企业发展具有重要的意义(见图 1-5),是增强企业国际竞争力和促进可持续发展的重要途径。ESG 在中国的实践也具有重要的意义,和我国的宏观战略目标高度一致(见图 1-6)。

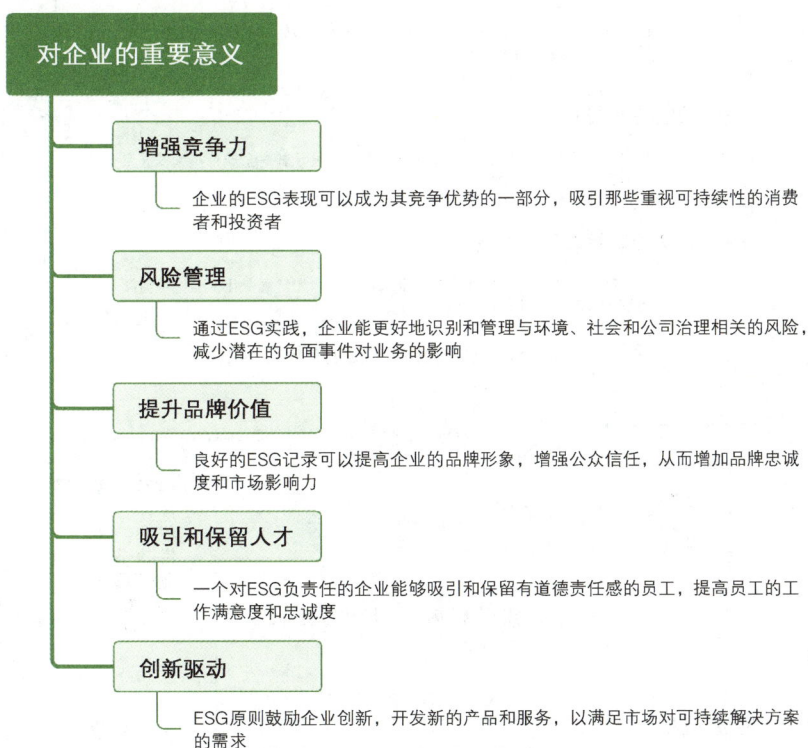

图 1-5　ESG 对企业发展的重要意义

二、ESG 生态系统

ESG 生态系统是一个多元化和包容性的网络(见图 1-7),它依赖多个利益相关方的共同努力和协作。随着 ESG 理念的传播和科学技术的不断进步,如人工智能、大数据、区块链等新兴技术的参与,ESG 生态系统正在逐步扩大和深化。

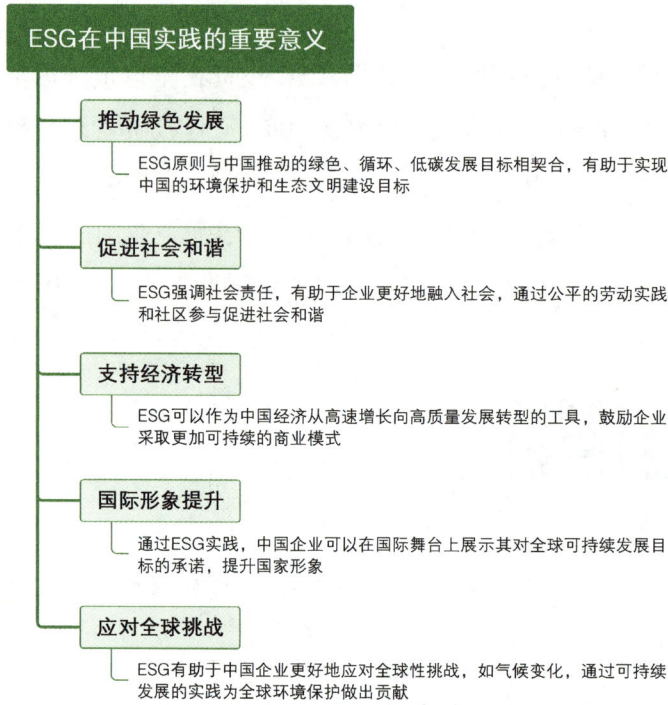

推动绿色发展

ESG原则与中国推动的绿色、循环、低碳发展目标相契合，有助于实现中国的环境保护和生态文明建设目标

促进社会和谐

ESG强调社会责任，有助于企业更好地融入社会，通过公平的劳动实践和社区参与促进社会和谐

支持经济转型

ESG可以作为中国经济从高速增长向高质量发展转型的工具，鼓励企业采取更加可持续的商业模式

国际形象提升

通过ESG实践，中国企业可以在国际舞台上展示其对全球可持续发展目标的承诺，提升国家形象

应对全球挑战

ESG有助于中国企业更好地应对全球性挑战，如气候变化，通过可持续发展的实践为全球环境保护做出贡献

图 1-6   ESG 在中国的实践的意义

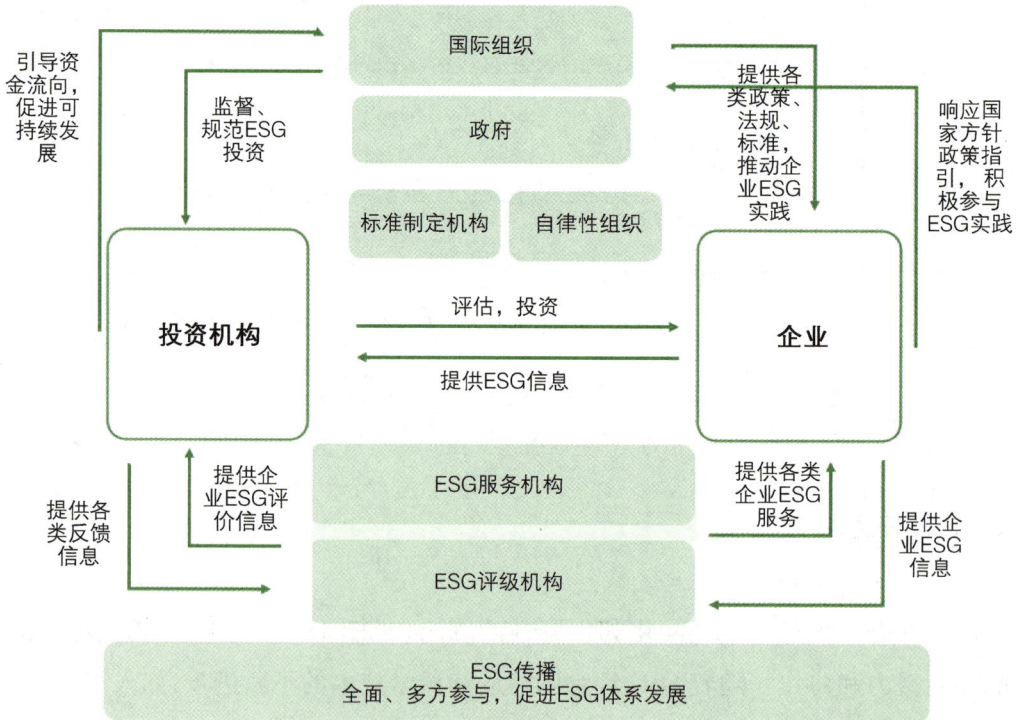

图 1-7   ESG 生态系统

（一）政府

在 ESG 生态系统中,政府(包含立法机关和监管机构)扮演着至关重要的角色,既是政策、法规的制定者,也是 ESG 实践的监督者。政府负责制定和实施有关环境保护、社会责任和公司治理的法律法规,并通过提供税收优惠、补贴等激励措施,鼓励企业和投资者参与 ESG 活动。政府采用的政策法规大致可分为强制性政策和自愿性政策两大类型(见表 1-4)。

表 1-4　强制性政策和自愿性政策

政策类型	政　策　类　型　描　述
强制性政策	由政府或监管机构制定,要求企业必须遵守,否则面临制裁或法律责任。例如,环境法规强制企业减少特定的污染物排放,或者要求上市公司必须披露特定的 ESG 信息
自愿性政策	通常是建议性的,鼓励企业在没有法律强制的情况下采取特定的 ESG 行动。企业可能会自愿采纳这些政策建议以提高其品牌形象、增强消费者信任、吸引投资者或提高运营效率。此类例子有绿色金融激励措施、行业最佳实践和行为准则等

强制性和自愿性政策在一定时期内是相对的,即某些政策可能在一开始是自愿性的,但随着时间的推移和政策环境的变化,也可能转变为强制性的。另外,企业也可能选择超越强制性要求,采取更积极的 ESG 措施,以展现其领导力和对可持续发展的承诺。

政府在 ESG 生态系统中的作用和意义不仅体现在监管和政策制定上,还包括其在促进社会共识、激励市场参与、提供公共服务和保障公共利益方面的关键角色。政府通过公共宣传提高公众对 ESG 的认识,与各方合作推动 ESG 项目,并通过有效的采购政策和公共投资示范 ESG 实践。政府的有效参与对于推动 ESG 实践、实现可持续发展目标具有决定性的影响。

（二）企业

企业在 ESG 生态系统中扮演着核心角色,它们不仅是社会责任的承担者,更是引领变革的先锋以及与各方利益相关者携手合作的伙伴。企业肩负着多重使命,如创造经济价值、守护自然环境、积极履行社会责任、不断提升公司治理水平等。通过全面响应利益相关方的期望与需求,企业为推动社会向可持续发展的目标稳步前进贡献着不可或缺的力量。

在全球化的背景下,不同国家和地区在社会发展上存在不平衡,加上经济和文化的差异性,政府在推动 ESG 实践时可能会遇到种种局限。特别是在引导市场偏好和影响投资者行为方面,政府的作用有时难以全面覆盖。正是在这些方面,企业的积极作用和影响力显得尤为重要,它们在一定程度上弥补了政府功能的不足。企业以其市场参与者的身份,依托自身的创新能力和资源配置的灵活性,在宏观层面上成为实现资源有效分配、推动经济和社会进步的关键力量。

依据经济学中著名的科斯定理,在产权界定清晰的情况下,市场能够有效地实现资源的最优配置。企业凭借对市场动态的敏感洞察和对社会变化的快速响应,不仅能够激发技术创新,还能促进产业结构的优化升级,为实现可持续发展的目标提供切实可行的解决方案。

在具体的实践操作层面,企业展现出更高的灵活性和适应性。它们能够根据各自所处地区的特性、行业需求以及自身的经营状况,量身打造并执行具有针对性和实效性的 ESG 策略。通过实施经过精心设计的项目,企业将 ESG 的理念和实践深入生产和经营的每一个环节,确保环境保护、社会责任和公司治理的和谐统一,实现企业的长期健康发展与社会福祉的同步提升。

（三）标准制定机构

标准制定机构在确立 ESG 准则和规范方面扮演着至关重要的角色。它们不仅弥补了政府在政策法规制定中可能存在的专业知识局限,还克服了对行业动态敏感度不足的问题。作为 ESG 领域的引领者和指导者,这些机构为 ESG 实践提供了统一的标准和明确的评估方向,推动了整个行业的发展,增强了信息透明度,建立了行业信任,并促进了交流与合作。同时,它们还引导资源的合理配置、支持决策的制定、推动可持续发展,并塑造了市场环境。

标准制定机构通常是由国际组织、金融机构、学术机构联合发起的非营利性组织,由相关领域的专业人士组成。这种结构确保所制定的标准具有高度的专业性,并且保证了标准的公正性和客观性。随着 ESG 实践的不断发展,这些机构在制定标准时,除了需要兼顾灵活性和适应性、迅速响应市场变化外,还需要不断提升标准的国际兼容性和行业综合可比性。

全球范围内,一些具有较大影响力的 ESG 标准制定机构包括全球报告倡议组织(GRI)、可持续发展会计准则委员会(SASB)、碳信息披露项目(CDP)、气候相关财务信息披露工作组(TCFD)以及国际可持续发展准则理事会(ISSB)。特别值得关注的是,2023 年 7 月 10 日,国际财务报告准则基金会(IFRS Foundation)在其官网上宣布,自 2024 年起,ISSB 将接管 TCFD 的监督职责。这一变化标志着 ESG 标准制定工作正在逐步走向更加统一和规范化的道路,有助于全球企业和投资者更好地理解和应用ESG 标准,推动全球可持续发展的进程。

对于以上代表性标准制定机构的详细介绍可进一步参考本书第五章。

(四)评级机构

在 ESG 生态系统中,评级机构以专业知识为基础建立起评价标准,对企业的 ESG表现展开全面评估,不仅增强了信息透明度,还为各方提供决策依据,推动企业持续改进,提升其市场声誉,并促进资本的优化配置。其评价体系通常涵盖环境、社会、公司治理等方面,包括各种指标、数据收集与验证,以及权重分配等。通过这些,评级机构在助力企业实现可持续发展,推动社会、环境和经济的协同进步等领域发挥着重要的作用。

评级机构的主要工作内容包括收集企业的相关 ESG 数据、制定评估指标、深入分析并评估企业的 ESG 水平、给予评级和分值、发布报告等方面。此外,评级机构也会跟踪监测企业的 ESG 表现,持续评估 ESG 风险,进行客观、跨行业的研究,持续深化具有公信力的评价标准,为投资者和其他利益相关方提供有价值的参考。

目前,全球许多机构提供 ESG 评级服务,不同的评级机构可能采用不同的评价指标、量化方法和打分机制,导致评级结果存在差异。代表性的 ESG 评级机构如表 1-4 所示。

表 1-4 代表性评级机构

机构名称	机 构 描 述
明晟(MSCI)	作为全球知名的金融市场指数提供商,明晟 ESG 评级受到广泛关注,特点是涵盖广泛的行业和地区,指标侧重企业在环境、社会和公司治理方面的综合表现
标普全球(S&P Global)	在评级领域具有较高的声誉,关键指标包括公司治理、环境管理、社会责任等方面

续　表

机构名称	机　构　描　述
富时罗素（FTSE Russell）	提供全面的 ESG 评价服务,特点是评价体系较为全面,关注企业的可持续性和长期价值创造,关键指标涵盖环境影响、社会影响力等
道琼斯可持续发展指数（DJSI）	以可持续发展为核心的评价体系,注重企业在可持续发展方面的领先地位,关键指标包括环境绩效、社会责任履行等
恒生可持续发展企业指数	关注企业在 ESG 方面的表现,侧重衡量企业在中国香港市场的可持续发展水平,关键指标涉及环境管理、社会贡献等方面

（五）投资机构

在 ESG 生态体系中,投资机构通过资本的力量推动企业和市场向可持续发展转型。投资机构包括但不限于养老基金、保险公司、资产管理公司和私人银行。它们通过将 ESG 因素纳入投资决策过程,利用 ESG 标准来筛选潜在的投资对象,引导资本流向绿色领域,促进被投资企业在环境、社会和公司治理方面的表现。通过其投资行为,投资机构不仅能够提升自身的投资回报,还能对企业施加影响,促使其采取更加可持续的经营策略,推动社会和环境的可持续发展。

全球可持续投资联盟 2023 年 11 月发布的报告显示,截至 2022 年年末,全球可持续投资规模达到了 30.3 万亿美元,除美国外①,全球可持续投资规模较两年前增长了 20%。欧洲可持续投资资产占全球整体规模的 46%,其次为美国(28%),澳大利亚和新西兰(14%),加拿大(8%),日本(4%)。截至该报告发布,全球可持续投资规模占总体资产规模的 24.4%。根据彭博的预测分析,到 2025 年,全球 ESG 资产规模将超过 53 万亿美元。

与此同时,联合国负责任投资原则组织(PRI)自成立以来,参与机构的数量和管理资产的规模逐年递增,包括资产所有者、资产管理机构以及第三方服务机构,覆盖了投资行业的各个层面(见图 1-8)。全球资产管理规模排名前 50 的资管机构中,已有 43 家已成为联合国负责任投资原则组织成员。截至 2024 年 3 月底,全球已有 5 345 家机构签署了联合国负责任投资原则,其中中国签约机构为 140 家。从图 1-9 可以看出,签约

---

① 美国 ESG 投资规模的数据有所下降,这与全球可持续投资联盟修改了针对美国市场的 ESG 投资规模统计方法有关。

机构的总数呈现出逐年递增的趋势,特别是 2020 年之后,增幅较为显著,这反映出国际社会对可持续投资的关注度正在不断上升。然而,在 2024 年,与 2023 年相比,签约机构的数量出现了约 0.83% 的轻微下降。根据联合国负责任投资原则组织的官方说明,这一变化并不意味着签约机构的总体范围有所缩小。相反,这可能是两个签署方合并,或者一个集团在包含多个签约机构时被统一为单一签约机构所致①。

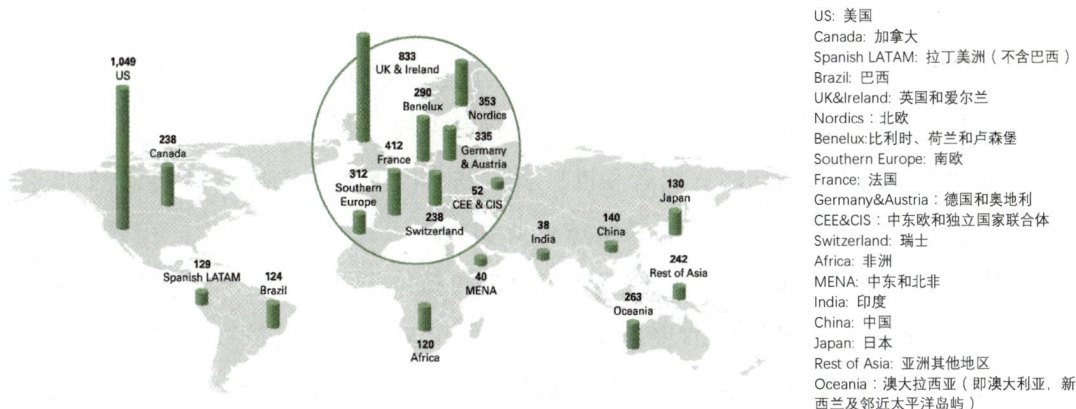

US: 美国
Canada: 加拿大
Spanish LATAM: 拉丁美洲（不含巴西）
Brazil: 巴西
UK&Ireland: 英国和爱尔兰
Nordics: 北欧
Benelux:比利时、荷兰和卢森堡
Southern Europe: 南欧
France: 法国
Germany&Austria：德国和奥地利
CEE&CIS：中东欧和独立国家联合体
Switzerland: 瑞士
Africa: 非洲
MENA: 中东和北非
India: 印度
China: 中国
Japan: 日本
Rest of Asia: 亚洲其他地区
Oceania：澳大拉西亚（即澳大利亚、新西兰及邻近太平洋岛屿）

图 1-8　PRI 各国家和区域签约机构数量(截至 2024 年 3 月底)

资料来源：Principles for Responsible Investment(PRI). PRI Annual Report 2024［R/OL］. 2024 :18. https://www. unpri. org/download? ac＝21536.

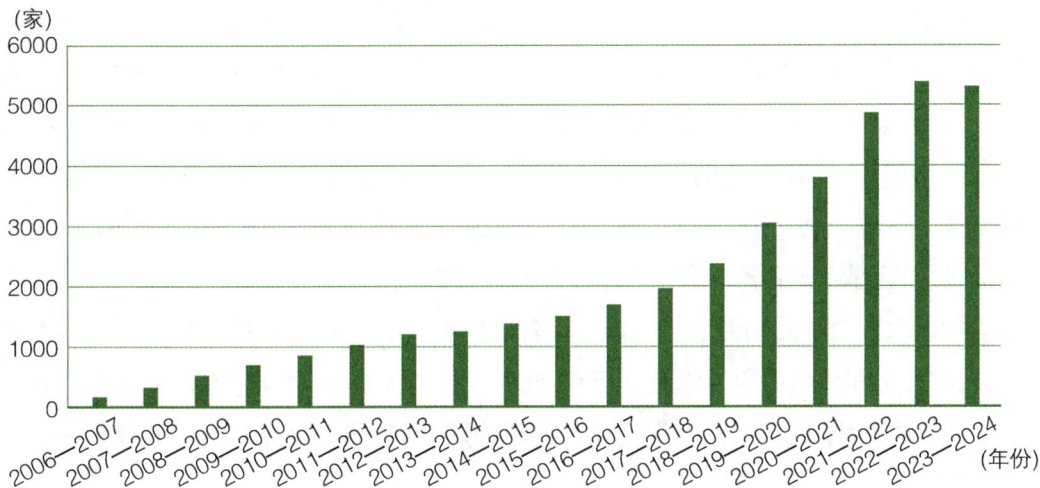

图 1-9　PRI 签约机构数量变化(截至 2024 年 3 月底)

资料来源：Principles for Responsible Investment（PRI）. PRI Annual Report 2024［R/OL］. 2024 :17. https://www. unpri. org/download? ac＝21536.

---

① Principles for Responsible Investment（PRI）. PRI Annual Report 2024［R/OL］. 2024. http://www. unpri. org/download? ac＝21536.

随着全球对气候变化和社会责任的关注日益增加,ESG 投资已经成为一种全球趋势,投资机构在这一过程中扮演的角色越来越受到重视。通过积极的资本引导、风险管理、政策倡导、信息披露推动,并结合教育培训、合作网络建设和创新金融产品开发,投资机构在全球范围内推动了 ESG 实践的深入和扩展。

（六）国际组织

国际组织在 ESG 生态系统中的角色和作用是多方面的,它们通过倡导国际合作、全球行动、国际交流等方式推动 ESG 的发展和实践。

国际组织是 ESG 理念的提出者和推广者。联合国通过发布报告和倡议,如联合国全球契约和负责任投资原则,引导全球企业和投资者关注 ESG 因素。在标准制定方面,国际组织如全球报告倡议组织提供详尽的可持续发展报告标准,帮助企业系统地披露其在环境、社会和公司治理方面的表现,引导资金流向可持续项目和企业,促进金融市场的绿色转型。气候相关财务信息披露工作组提出的建议为气候风险的财务影响提供了披露框架。这些原则和倡议成为企业和投资者在 ESG 实践中的指导性文件。国际组织还积极倡导国际社会采纳和实施 ESG 相关的原则协议。例如,2015 年 12 月,《联合国气候变化框架公约》近 200 个缔约方在巴黎气候变化大会上一致通过《巴黎协定》,明确了全球共同追求的目标,各方将加强对气候变化威胁的全球应对,把全球平均气温较工业化前水平升幅控制在 2℃ 之内,并为把升温控制在 1.5℃ 之内努力。国际组织还协同行业组织推动全球就评估和认证程序达成共识,如碳信息披露项目,监督企业的碳排放和气候行动,确保企业遵守 ESG 标准。国际组织通过与各国专业机构合作,通过各类教育、媒体等形式积极提高公众对 ESG 重要性的认识,提升企业、投资者对 ESG 内涵的理解和综合应用能力。

国际组织作为不同国家、企业和投资者之间的桥梁,在解决全球性问题（如贫困、不平等、气候变化和环境退化）中,通过 ESG 框架发挥着重要作用。它们推动企业在运营过程中更加注重环境友好、社会责任以及公司治理,以实现企业和社会的可持续发展。

> 《巴黎协定》是继 1992 年《联合国气候变化框架公约》、1997 年《京都议定书》之后,人类历史上应对气候变化的第三个里程碑式的国际法律文本,形成 2020 年后的全球气候治理格局。

（七）ESG 传播方

ESG 传播随着 ESG 理念在全球范围内的推广而逐渐形成,它正在成为企业、投资方、国际社会等多方关注的焦点,已逐渐成为 ESG 生态系统中不可或缺的一环。

ESG 传播在塑造企业形象、提升公众意识以及推动政策发展方面扮演着至关重要的角色。它通过教育和信息披露,增强了社会对环境、社会和公司治理问题的认识,进而推动了可持续发展价值观的普及。企业的 ESG 实践通过传播活动得以展现,这不仅有助于构建积极的品牌形象,吸引投资者和消费者,而且在政策层面,通过向决策者传达企业和公众的期望,促进了相关法律法规的制定和实施,加强了企业的合规性和行业的标准化。

ESG 传播倡导多方利益相关者的参与和互动,包括政府、国际/民间组织、社群、个人等,这种多元化的参与为 ESG 实践注入了活力和创新动力。在中国,ESG 传播融合了本地文化和现代化价值观,讲述具有中国特色的可持续发展故事,如乡村振兴和共同富裕,体现了中国在 ESG 传播方面的特殊背景和目标,也是讲好中国故事、传播好中国声音的重要途径之一。

ESG 传播是企业战略沟通的关键组成部分,它通过创意和公关策略将品牌建设与企业形象结合,增强了消费者、投资者和其他利益相关者的信任,吸引资本市场的关注,提升市场竞争力。社交媒体平台为 ESG 信息的传播提供了新的渠道,使得信息传递更迅速、广泛,动员了更广泛的公共参与。ESG 传播还包括与内部员工的沟通,增强了员工对企业价值观和目标的认同感。在危机情况下,有效的 ESG 沟通策略可以帮助企业更好地管理危机,减少对品牌和声誉的损害。通过分享其在 ESG 领域的创新实践和领导力,企业还能展示其在行业中的领先地位,并教育和启发公众,提高他们对环境、社会和公司治理问题的认识。

ESG 传播的有效性受到了学术界和实践界的高度关注。中国人民大学新闻学院 ESG 传播专项课题组提出的"中国特色 ESG 传播评价体系"涵盖了内涵价值、内容质量和传播影响力三大维度,是更有效地评估和指导企业的 ESG 传播的一个重要实践。

（八）自律性组织

自律性组织是指具有"自我组织、自我管理和自我教育"性质的社会民间组织机构,一般通过制订公约、章程、准则、细则等进行自我监管。在 ESG 生态体系中,代表性的自律性组织多指证券交易所和行业协会。自律性组织与政府和国际组织不同。政府作为国家的行政机关,拥有立法、行政和司法等国家权力,能够制定并执行具有法律效力的政策和法规;国际组织由不同国家和地区的政府或组织构成,致力于跨国问题的处理和国际合作。自律性组织则是由同一行业内的企业或机构自愿组成的非官方组织,制定行业规范、监督成员行为、提供行业服务,其影响力主要局限于成员内部。

以证券交易所为例,随着 ESG 理念的推广,各国证券交易所纷纷发布各类 ESG 相关的信息指南,加强对其成员企业 ESG 信息披露的要求,成为 ESG 生态系统中越来越重要的行动主体。2006 年,负责任投资原则组织在纽约证券交易所发布,鼓励投资者将 ESG 纳入投资价值的评估,但直至今日,纽约证券交易所仍尚未要求强制其企业披露 ESG 信息。

2009 年,联合国发起了可持续证券交易所倡议(Sustainable Stock Exchanges Initiative,SSEI),这是一个促进各参与方合作,探索交易所如何与投资者、监管机构和公司合作以支持可持续发展的平台。SSEI 进一步推动了 ESG 投资理念的全球推广和实施,鼓励交易所参与并执行 ESG 信息披露指引,加强了上市公司对 ESG 信息的披露要求。截至 2024 年 5 月,其官网数据显示,全球有 133 家交易所加入 SSEI,共有约 70 多家交易所发布了 ESG 报告指南。例如,伦敦证券交易所(London Stock Exchange,LSE)制定了 ESG 报告指南,规范了 ESG 报告的八大要点。纳斯达克证券交易所(National Association of Securities Dealers Automated Quotation,NASDAQ)发布了《ESG 报告指南 2.0》,而东京证券交易所(Tokyo Stock Exchange,TSE)则提供了《ESG 信息披露使用手册》(Practical Handbook for ESG Disclosure)。这些指南从投资市场的角度,在一般 ESG 标准议题的基础上,进一步指导了 ESG 报告应披露什么,也为上市公司规范 ESG 披露流程、理解 ESG 内涵和 ESG 的意义提供了指导。

(九)服务机构

ESG 服务机构是专门从事 ESG 专业服务的机构,包含 ESG 咨询机构、ESG 报告提供机构、ESG 数据提供机构等,它们各自承担着不同的角色和功能,共同构成了一个多元化的 ESG 生态系统(见图 1-10)。它们为企业和组织提供关于如何整合和提升 ESG 实践的指导和支持。

图 1-10 ESG 服务机构的服务类型

ESG 服务机构直接参与 ESG 报告编制等工作,与 ESG 生态中的各方都有联系,在整个生态体系中具有重要的地位和作用。他们在企业与利益相关方之间扮演着至关重要的桥梁角色,协助企业深入理解并积极响应投资者、消费者和监管机构等对其 ESG 方面的期望和要求。通过这种连接,ESG 服务机构促进了整个生态系统的和谐与平衡。这些服务机构提供专业的 ESG 咨询服务,涵盖风险评估、绩效提升、合规性指导等,为企业在 ESG 领域的复杂环境中导航,确保企业能够高效且有效地执行其可持续发展战略。ESG 服务机构还积极参与行业标准的制定与推广,以及最佳实践的普及,推动不同企业在 ESG 实践中实现协同效应,提高整个行业的 ESG 表现和标准的统一性。这些努力不仅推动了企业内部的 ESG 实践,也为整个行业乃至社会的可持续发展做出了积极贡献。国内外有代表性的 ESG 服务机构主要有"四大"会计师事务所、商道融绿、中央财经大学绿色金融国际研究院等(见表 1-5)。

表 1-5 主要 ESG 服务机构

机构名称	机构描述
普华永道（PwC）	作为全球领先的专业服务网络之一，提供全面的 ESG 服务，包括 ESG 报告、鉴证、咨询和策略制定
德勤（Deloitte）	通过其全球网络，为企业和组织提供 ESG 策略、风险管理、报告和鉴证服务，帮助客户提高透明度和可持续性
安永（EY）	提供一系列 ESG 相关服务，包括 ESG 绩效提升、风险评估、报告和鉴证，以及气候变化和可持续发展咨询服务
毕马威（KPMG）	提供 ESG 鉴证、咨询和教育服务，并通过其全球网络支持企业在 ESG 领域的透明度和绩效提升
商道融绿	国内专注于可持续发展的机构，提供 ESG 报告编制、咨询和教育培训服务，帮助企业实现可持续发展目标
中央财经大学绿色金融国际研究院（IIGF）	专注于绿色金融和可持续发展的研究机构，提供 ESG 相关的研究、咨询和培训服务，推动绿色金融和 ESG 实践
中国环境与发展国际合作委员会（CCICED）	国家级的国际合作平台，专注于推动中国与国际社会在环境与发展领域的交流、互鉴
中国可持续发展工商理事会（CBCSD）	全国性组织，积极促进企业、政府和社会组织在可持续发展领域的对话、交流与合作，推动工商企业的可持续发展
中国金融学会绿色金融专业委员会	作为中国金融学会下属的专业委员会，专注于绿色金融和 ESG 投资，推动金融机构在 ESG 领域的实践和创新
中国企业社会责任研究中心	由南方周末报社创办，以全面推动企业社会责任为使命，提供 ESG 相关的研究、咨询和培训服务，帮助企业提升社会责任管理和 ESG 实践

三、ESG 与企业社会责任，可持续发展目标的关系

（一）ESG 与企业社会责任的关联

企业社会责任（CSR）的概念起源于西方国家，随着社会发展、公众意识的提高，以及全球政治、经济环境的不断改变，企业社会责任的概念及内涵也不断变化，逐步形成了现代企业社会责任的理念。现代学者和研究机构对企业社会责任的定义略有不同，例如，世界银行提出，企业社会责任是"企业与关键利益相关者的关系、价值观、遵纪守法以及尊重人、社区和环境有关的政策和实践的集合，是企业为改善利益相关

者的生活质量而贡献于可持续发展的一种承诺"①。国际标准化组织在制定 ISO26000《社会责任指南》的工作中提出："组织社会责任,是组织对运营的社会和环境影响采取负责任的行为,即行为要符合社会利益和可持续发展要求;以道德行为为基础;遵守法律和政府间契约;并全面融入企业的各项活动。"欧盟在其《2011—2014年企业社会责任战略》(A Renewed EU Strategy 2011—14 for Corporate Social Responsibility)中提出了企业社会责任的概念,认为企业在资源的基础上,把社会和环境密切整合到其经营以及与利益相关者的互动当中,并强调了企业在社会责任方面的战略顶层设计。从这些定义中我们可以看出,国际组织对社会责任的认识,既有共同认可的内涵,也有不同的侧重和差异。但总体来说,现代的企业社会责任是指,企业在创造利润并对股东和员工承担法律责任的同时,还要承担对社会和环境的责任。它要求企业进行的经济活动必须符合人权保护与可持续发展的理念,既要考虑企业自身生产和经营,还要考虑其经济活动对其他利益相关方的影响,同时也需要考虑对社会和自然环境造成的影响。

最早的企业社会责任思想可以追溯到亚当·斯密(Adam Smith),在其著作《国富论》和《道德情操论》中均有对早期企业的社会责任,思想的描述。但企业社会责任作为一个明确的概念则是由英国学者欧利文·谢尔顿(Oliver Sheldon)于 1924 年提出的,他强调企业不仅要追求利润,还要满足社会和人类的多方面需求,并认为企业社会责任包含道德因素。1932 年,哈佛大学的学者梅里克·多德(Merrick Dodd)提出了对企业社会责任的一个广泛定义,认为企业社会责任是企业在追求利润最大化目标之外所承担的义务。这一观点是企业社会责任概念发展史上的一个重要里程碑,它扩展了对企业角色和目标的理解。

1953 年,美国学者霍华德·鲍恩(Howard Bowen)在《商人的社会责任》(*Social Responsibility of the Businessman*)中首次明确定义"企业社会责任"②,强调企业在追求利润和行使权利的同时必须履行相应的责任和义务,这在一定程度上奠定了现代企业社会责任的观念。

直到 1979 年,美国学者阿奇·卡罗尔(Archie Carroll)做了一个阶段性的总结:企业社会责任,指某一时期社会对企业所寄托的经济、法律、伦理和自由决定(慈善)

---

① 陈佳贵. 准确把握企业社会责任的内涵[N]. 人民日报,2008 - 8 - 1(11).
② 张羽. 企业社会责任理论研究综述[J]. 国际会计前沿, 2022, 11(4); 261-266.

的期望——这就是具有里程碑意义的"CSR 金字塔模型"（the pyramid of corporate social responsibility），明确企业社会责任的四个层次：经济责任（economic responsibilities）、法律责任（legal responsibilities）、伦理责任（ethical responsibilities）和自愿责任（discretionary responsibilities）。第四项责任在 1983 年被原作者拆解，"CSR 金字塔模型"也随之更迭为"CSR 三域模型"，即经济、道德和法律。

通过梳理企业社会责任发展的线索，我们可以发现：在 20 世纪中叶，尽管学者提出了企业社会责任的概念，但社会上对企业社会责任的普遍认识还集中在"利润最大化"上，即认为企业的主要社会责任就是为股东创造最大的经济利益，仅有部分观点涉及企业相应的社会、环境责任。与此同时，随着社会对环境问题和社会责任的关注增加，ESG 开始登上历史的舞台，进入公众的视野，并逐渐被大众接受。

对比企业社会责任和 ESG，我们可以发现两者的共通之处在于，它们追寻的最终目标是一致的，即企业在实现长期稳定发展，为企业自身（股东、员工）带来利益的同时，也为社会创造价值，均着重强调企业在运营过程中需要考量的非财务要素，并提倡企业开展信息披露，以此增进透明度与责任感。

但企业社会责任与 ESG 在目标受众群体、框架和内容、发布和用途等方面都有所差异。企业社会责任是指企业在追求利润的同时，考虑其对社会和环境的影响，并承担起相应的责任。企业社会责任强调企业应超越法律的最低要求，自愿地与利益相关方沟通，包括政府、员工、社区、消费者、非政府组织等。企业社会责任的实践包括但不限于慈善捐赠、社区服务、环境保护、公平劳动实践和透明度报告。

ESG 是一种投资理念，它关注企业在环境、社会和公司治理方面的表现。ESG 标准被投资者用来筛选潜在的投资对象，期望这些企业能够在长期内实现可持续的财务回报。ESG 报告通常关注投资者关心的具体指标，如温室气体排放、劳工关系、董事会多样性和反腐败政策。

企业社会责任和 ESG 各自侧重点有所不同，企业社会责任以更宏观的视角关注企业与所有利益相关者之间的互动，而 ESG 则更集中于识别和评估对投资者而言的关键风险与机遇。企业社会责任的应用跨越企业运营的多个层面，影响深远；相较之下，ESG 的应用则主要聚焦于资本市场和投资者关系领域，为投资决策提供精准的参考依据。

（二）ESG 与可持续发展目标的关联

2000 年 9 月，在联合国千年首脑会议上，189 个国家领导人及代表就消除贫穷、饥饿、疾病、文盲、环境恶化和对妇女的歧视，商定了一套有时限的目标和指标，并签署《联合国千年宣言》（United Nations Millennium Declaration）。这些目标和指标被置于全球议程的核心，统称为千年发展目标（Millennium Development Goals，MDGs）。该计划共分八项目标，旨在将全球贫困水平在 2015 年之前降低一半（以 1990 年的水平为标准）。

在千年发展目标所取得的成就基础上，2015 年 9 月 25 日，联合国可持续发展峰会在纽约总部召开，联合国 193 个成员国在峰会上正式通过《2030 年可持续发展议程》，该议程涵盖 17 个可持续发展目标，即联合国可持续发展目标（SDGs），于 2016 年 1 月 1 日正式生效。与千年发展目标相比，SDGs 包含 17 个可持续发展目标、169 个具体目标、232 个具体指标，涉及范围涵盖消除贫困、保障教育和健康、实现性别平等、应对气候变化和保护生态环境等多个方面，目标也更加长远，即确保全球范围内的所有人都能享有平等的发展机会，共同分享可持续发展的成果。SDGs 这一全球性发展目标，旨在于 2015—2030 年以综合方式彻底解决社会、经济和环境三个维度的发展问题，转向可持续发展道路，因而也被称为"改变世界的 17 个目标"（见图 1-11）。实现这 17 个目标需要全球各国政府、企业和个人共同努力，通过政策制定、投资、创新、合作等多种途径，共同推动全球可持续发展进程。

随着全球经济一体化的加速和对可持续发展认识的深化，ESG 和 SDGs 在推动全球向更可持续未来转型中的作用愈发重要。两者在推动可持续发展方面有紧密联系，总体而言，ESG 的实践与 SDGs 的目标在很多方面是一致的，企业通过实施 ESG 策略，可以直接或间接地对实现 SDGs 做出贡献。例如，企业在环境保护方面的努力有助于实现 SDGs 中的"采取紧急行动应对气候变化及其影响"。企业通过改善自身的 ESG 表现，可以在全球范围内推广和倡导 SDGs 的相关目标，从而促进社会的整体可持续发展。企业在其 ESG 报告中一般会强调它们是如何为 SDGs 的实现做出贡献的，这种信息披露不仅增加了企业的透明度，也有助于投资者和其他利益相关方了解企业在可持续发展方面所做的努力。投资者越来越倾向于根据企业的 ESG 表现来做出投资决策，在 ESG 方面表现出色的企业可能会获得更多的投资机会，这也间接推动了 SDGs 的实现。

图 1-11   可持续发展目标 SDGs

但 ESG 和 SDGs 在范围、目的和实施方式等方面又各有侧重。ESG 更侧重企业层面的可持续经营和投资决策，为企业在环境、社会和公司治理方面的表现提供了具体的评估标准，而 SDGs 则是一个更为宏观和全面的发展框架，涵盖社会各个层面的可持续发展目标，为全球范围内的可持续发展设定了宏观目标（见表 1-6）。

表 1-6   ESG 与 SDGs 的对比

对比项目	ESG	SDGs
概念定义	ESG 是一套评估企业在环境、社会和公司治理方面表现的标准，通常用于投资决策中，帮助投资者评估企业在这些领域的风险和机会	SDGs 是联合国制定的 17 个全球性发展目标，旨在于 2015—2030 年以综合方式解决社会、经济和环境三个维度的发展问题，转向可持续发展道路
应用范围	ESG 主要用于金融市场和企业层面，是投资者和企业管理者用来衡量和改善企业非财务绩效的工具	SDGs 是全球性的，不仅包括企业，还涉及政府、非政府组织和社会各界，是更广泛的社会经济发展蓝图
目的和功能	ESG 的目的在于促进企业的可持续经营，提高企业的长期价值，并作为投资决策的参考	SDGs 的目的是实现全球范围内的可持续发展，包括消除贫困、保护地球、确保全人类享有和平与繁荣

续　表

对比项目	ESG	SDGs
实践方式	ESG 的实践涉及企业将环境、社会和公司治理因素纳入其管理运营流程,与企业社会责任紧密相关	SDGs 的实践需要各国政府、国际组织、企业和社会各界的共同努力,通过政策制定、投资、创新、合作等途径来实现
报告	ESG 为企业提供了一个具体的行动指南,帮助它们在实际操作中贯彻 SDGs 的目标,其信息的披露和报告通常针对投资者和金融市场	SDGs 提供了一个宏观的框架,指导各国在不同领域内实现可持续发展,其进展则更多地通过国家和国际组织的官方报告来展示

　　企业通过改善自身的 ESG 表现,能够直接或间接地推动 SDGs 的实现,两者的结合协同不仅有助于企业实现长期的可持续发展,也促进了全球向更加可持续和包容的未来发展。

第二节　ESG 在中国的发展与实践

　　2004 年联合国全球契约组织首次提出 ESG 概念后,历经了 20 多年的发展,ESG 已得到全球社会的广泛认可。回顾 ESG 在中国的发展历程,从最初的探索和尝试,到如今日渐完善的应用体系和丰富的实践,特别是在国家"双碳"目标和共同富裕等战略部署的指引下,ESG 在我国快速发展,逐渐形成了具有中国特色的 ESG 生态体系和创新示范。2024 年政府工作报告中明确指出:"大力推进现代化产业体系建设,加快发展新质生产力"。习近平在中共中央政治局第十一次集体学习时指出:"绿色发展是高质量发展的底色,新质生产力本身就是绿色生产力。必须加快发展方式绿色转型,助力碳达峰碳中和。"[1]在实践中不断探索、创新,深化中国特色的 ESG 体系,正成为 ESG 在中国发展的新篇章。

---

[1]　求是网. 新质生产力本身就是绿色生产力[EB/OL]. (2024-06-24)[2024-12-08]. qstheory.cn/laigao/ycjx/2024-06/24yc_1130166879.htm.

一、ESG 在中国的发展

ESG 在我国的发展可分为三个时期,即早期起步期、快速发展期和深入推进期。

(一) 早期起步期

20 世纪 80 年代末至 90 年代初,随着中国经济的快速发展,特别是改革开放的进一步推进和国际上对 ESG 投资兴趣的增加,中国的 ESG 发展逐渐取得了进展。在这个时期,我国政府并没有明确的 ESG 政策,但是社会各界开始关注企业的社会责任和环境问题,政府各类政策文件中也开始涉及 ESG 的相关内容(见表 1-7)。

表 1-7　早期起步期 ESG 相关政策文件

时　间	政　策　文　件
2002 年 1 月	中国证券监督管理委员会(以下简称中国证监会)、原国家经济贸易委员会联合发布《上市公司治理准则》,阐明了我国上市公司治理的基本原则
2003 年 9 月	原国家环境保护总局发布《关于企业环境信息公开的公告》,是我国首份关于企业环境信息披露的规范文件
2005 年 7 月	中国证监会发布了《上市公司与投资者关系工作指引》
2005 年 10 月	中国政府发布了《中华人民共和国公司法》修订稿,第五条规定"公司从事经营活动,必须遵守法律、行政法规,遵守社会公德、商业道德,诚实守信,接受政府和社会公众的监督,承担社会责任",将企业社会责任纳入公司法的范畴
2005 年 12 月	国务院发布《国务院关于落实科学发展观加强环境保护的决定》,明确指出企业应当公开环境信息
2006 年 9 月	深圳证券交易所发布《深圳证券交易所上市公司社会责任指引》,鼓励上市公司自愿披露社会责任报告
2007 年 1 月	中国证监会发布了《上市公司信息披露管理办法》
2007 年 4 月	原国家环境保护总局发布《环境信息公开办法(试行)》,明确公开环境信息的标准
2007 年 12 月	国务院国有资产监督管理委员会印发《关于中央企业履行社会责任的指导意见》

(二) 快速发展期

2008 年国际金融危机的爆发不仅引发了全球经济格局的加速调整,也深化了全

球经济治理体系的变革。在这一背景下,国际社会对 ESG 的关注度显著提升。中国
政府和社会各界也加大了对 ESG 问题的关注,更加认识到可持续发展对国家长期经
济增长和社会稳定的重要性。中国的企业开始将 ESG 因素融入核心业务战略,以提
高自身的竞争力和市场韧性。

　　2016 年的《中华人民共和国国民经济和社会发展第十三个五年规划纲要》提出
要"全面推进创新发展、协调发展、绿色发展、开放发展、共享发展,确保全面建成小康
社会",为 ESG 投资提供了宏观指导。公司治理结构的改进、风险管理意识的增强以
及绿色金融的发展,都成为这一时期的关键议题。在这一时期,中国金融市场不断发
展,监管政策也不断完善(见表 1-8),越来越多的投资机构开始关注 ESG 投资,并将
其纳入投资决策过程。ESG 评级机构也相继进入中国市场,为投资者提供 ESG 评级
和信息。

表 1-8　快速发展期 ESG 相关政策文件

时　间	政　策　文　件
2007 年 12 月	国务院国资委发布了《关于中央企业履行社会责任的指导意见》
2008 年 5 月	上海证券交易所发布《上海证券交易所上市公司环境信息披露指引》以及《公司履行社会责任的报告》编制指引
2009 年 12 月	中国社会科学院首次发布《中国企业社会责任报告编写指南》
2010 年 4 月	财政部、中国证监会、审计署、原中国银行保险监督管理委员会(以下简称中国银监会)和原中国保险监督管理委员会(以下简称中国保监会)联合发布《企业内部控制应用指引第 4 号——社会责任》,指出企业在经营发展过程中应当履行的社会职责和义务
2010 年 9 月	原中国环境保护部发布的《上市公司环境信息披露指南(征求意见稿)》将突发环境事件纳入上市公司环境信息披露范围
2013 年 7 月	原中国银监会发布《商业银行公司治理指引》,阐明商业银行公司治理的具体准则
2014 年 5 月	中国证监会修订了《上市公司股东大会规则》,并于 10 月做出第二次修订,进一步规范上市公司信息披露行为的及时性、准确性
2016 年 6 月	国务院国资委发布《关于国有企业更好履行社会责任的指导意见》,要求建立健全社会责任报告制度,加强社会责任日常信息披露
2016 年 8 月	中国人民银行、财政部、国家发展改革委等七部委联合发布《关于构建绿色金融体系的指导意见》

续 表

时　间	政　策　文　件
2018 年 9 月	中国证监会发布《上市公司治理准则》，要求上市公司加强公司治理，提高透明度和规范性。这为 ESG 投资提供了更为完善的公司治理信息，推动了 ESG 投资的进一步发展
2018 年 11 月	中国证券投资基金业协会发布《中国上市公司 ESG 评价体系研究报告》
2021 年 3 月	中国证监会修订了《上市公司信息披露管理办法》
2021 年 12 月	生态环境部发布《企业环境信息依法披露管理办法》

同一时期，中国也积极参与全球气候合作、全球治理体系改革和建设等广泛的国际合作，为 ESG 实践提供了更加符合我国国情的框架和指导意见。2013 年，习近平分别提出建设"新丝绸之路经济带"和"21 世纪海上丝绸之路"的合作倡议（"一带一路"倡议），积极发展与合作伙伴的经济合作关系，共同打造政治互信、经济融合、文化包容的利益共同体、命运共同体和责任共同体。2016 年 4 月 22 日，我国签署《巴黎协定》。同年 9 月 3 日，全国人大常委会批准中国加入《巴黎协定》，成为缔约方之一。

（三）深入推进期

近年来，国家各政府部门高度重视 ESG 的实践和发展，将 ESG 逐步纳入国家发展战略（见表 1-9）。

表 1-9　深入推进期 ESG 相关政策文件

时　间	政　策　文　件
2020 年 10 月 26—29 日	在党的第十九届中央委员会第五次全体会议上通过了《中共中央关于制定国民经济和社会发展第十四个五年规划和二〇三五年远景目标的建议》，建议明确了从科技创新、产业发展、国内市场、深化改革、乡村振兴、区域发展，到文化建设、绿色发展、对外开放、社会建设、安全发展、国防建设等重点领域的思路和重点工作，也对 ESG 在中国的发展提出了新的指导意见
2021 年 3 月 23 日	第十三届全国人大四次会议召开，通过了《中华人民共和国国民经济和社会发展第十四个五年规划和 2035 年远景目标纲要》，其中明确提出推动绿色发展，促进人与自然和谐共生，一系列与 ESG 相关的政策出台，推动 ESG 发展的新篇章

续　表

时　间	政　策　文　件
2021 年 9 月 22 日	《中共中央、国务院关于完整准确全面贯彻新发展理念做好碳达峰碳中和工作的意见》发布,明确提出多项绿色发展目标,为我国 ESG 政策的发展提供了更为明确的方向
2022 年 1 月 4 日	生态环境部颁布《企业环境信息依法披露格式准则》,对重点排污企业实施环境信息披露要求和报告编制要求,这是继 2021 年 12 月 11 日《企业环境信息依法披露管理办法》发布后的又一重大举措
2022 年 11 月 23 日	中国证监会发布《推动提高上市公司质量三年行动方案(2022—2025)》,推动建立健全企业可持续发展信息披露制度
2023 年 7 月 25 日	国务院国资委颁布《关于转发〈央企控股上市公司 ESG 专项报告编制研究〉的通知》,这是我国积极推动经济绿色低碳转型和可持续发展,持续深化 ESG 领域合作和研究之举,通过中央企业发挥示范引领作用,央企控股上市公司主动发布 ESG 专项报告,推动我国 ESG 信息披露水平再上新台阶
2023 年 12 月 27 日	《中共中央、国务院关于全面推进美丽中国建设的意见》明确提出"探索开展环境、社会和公司治理评价"
2024 年 3 月 18 日	市场监管总局会同中央网信办、国家发展改革委等 18 部门联合印发《贯彻实施〈国家标准化发展纲要〉行动计划(2024—2025 年)》,将 ESG理念列入国家发展规划
2024 年 4 月 12 日	在中国证监会的统一部署和指导下,上海证券交易所、深圳证券交易所和北京证券交易所正式发布了上市公司可持续发展报告指引,并自2024 年 5 月 1 日起实施。指引要求上证 180 指数、科创 50 指数、深证100 指数、创业板指数样本公司及境内外同时上市的公司应当最晚在2026 年首次披露 2025 年度可持续发展报告,鼓励其他上市公司自愿披露
2024 年 5 月 22 日	财政部发布《企业可持续披露准则——基本准则(征求意见稿)》,征求意见稿共六章 33 条,包括总则、披露目标与原则、信息质量要求、披露要素、其他披露要求和附则。这标志着国家统一的企业可持续披露准则体系建设的正式开始
2024 年 6 月 4 日	国务院国资委制定印发《关于新时代中央企业高标准履行社会责任的指导意见》,对新时代中央企业社会责任工作作出部署
2024 年 7 月 21 日	《中共中央关于进一步全面深化改革、推进中国式现代化的决定》发布,提出关于健全绿色低碳发展机制的一系列重大部署

续　表

时　间	政　策　文　件
2024 年 7 月 31 日	《中共中央、国务院关于加快经济社会发展全面绿色转型的意见》发布,明确了总体要求、主要目标、实施路径,对于推动发展方式绿色转型、全面推进美丽中国建设、实现高质量发展具有重要意义
2024 年 8 月 27 日	中国人民银行联合国家发展改革委、工业和信息化部、财政部、生态环境部、金融监管总局、中国证监会和国家外汇局制定印发了《关于进一步做好金融支持长江经济带绿色低碳高质量发展的指导意见》

　　党的二十大报告继往开来,回顾和总结了我国在生态环境保护、气候治理和人类文明新形态探索方面的经验,提出积极稳妥推进碳达峰碳中和,立足我国能源资源禀赋,坚持先立后破,有计划分步骤实施碳达峰行动,深入推进能源革命,加强煤炭清洁高效利用,加快规划建设新型能源体系,积极参与应对气候变化全球治理,建设人与自然和谐共生的现代化。报告强调,在新发展阶段,必须贯彻新发展理念,构建新发展格局,推动经济社会发展绿色转型,这也为 ESG 在中国的实践和发展指明了方向。中国在不断的探索和实践中,持续推进 ESG 的实施,逐步摸索出一条符合中国特色的 ESG 实践之路。

二、"双碳"战略下的 ESG

　　2020 年 9 月,习近平在第七十五届联合国大会一般性辩论上宣布,中国将提高国家自主贡献力度,采取更加有力的政策和措施,二氧化碳排放力争于 2030 年前达到峰值,努力争取 2060 年前实现碳中和。中国的这一庄严承诺在全球引起巨大反响,赢得国际社会的广泛积极评价。2020 年 12 月举行的气候雄心峰会上,习近平进一步宣布,到 2030 年,中国单位国内生产总值二氧化碳排放将比 2005 年下降 65% 以上,非化石能源占一次能源消费比重将达到 25% 左右,森林蓄积量将比 2005 年增加 60 亿立方米,风电、太阳能发电总装机容量将达到 12 亿千瓦以上。习近平还强调,中国将以新发展理念为引领,在推动高质量发展中促进经济社会发展全面绿色转型,脚踏实地落实上述目标,为全球应对气候变化做出更大贡献。

　　"双碳"目标是我国基于推动构建人类命运共同体的责任担当和实现可持续发展的内在要求而做出的重大战略决策,体现了对多边主义的坚定支持,为国际社会全面有效落实《巴黎协定》注入强大动力，彰显了中国积极应对气候变化、走绿色低碳发展道路、推动全人类共同发展的坚定决心。这向全世界展示了应对气候变化的中国雄心和大国担当，使我国从应对气候变化的积极参与者、努力贡献者，逐步成为关键引领者。

"双碳"目标的提出对于推动企业转型升级和国家经济结构的整体优化具有重大的战略意义。该目标体现了国家对企业在社会责任履行、环境信息披露等方面的更高标准，同时亦标志着企业发展战略的转变，以实现高质量的可持续发展。ESG 中的环境（E）维度与"双碳"目标直接相连，其重点在于减少温室气体排放，提升资源利用效率，并通过创新驱动促进企业向低碳经济的转型。在中国的国情下，社会（S）维度赋予了企业一系列新的课题和责任，这些责任超越了传统的经济利益追求，涵盖了对环境、消费者、员工以及社区等多方面的关照和贡献。例如，乡村振兴方面，企业需要参与到国家乡村振兴战略中，通过投资、技术支持和市场渠道帮助农村地区发展，提高农民收入；共同富裕方面，企业应通过创造就业机会、提供公平的劳动报酬和良好的工作环境，促进社会财富的公平分配；供应链责任方面，企业应在供应链管理中履行社会责任，确保供应商遵守环保和社会标准。企业在追求经济效益的同时，为社会的和谐与进步做出贡献，这不仅是企业社会责任的体现，也是构建和谐社会、实现"双碳"目标的重要途径。

公司治理（G）维度作为企业可持续发展的内部保障，同样与"双碳"目标紧密相连，是推动企业实现环境责任和社会责任的重要机制。企业需要将"双碳"目标纳入长期战略规划，积极响应国家关于生态文明建设和绿色发展的政策法规，确保企业的发展方向与国家碳达峰、碳中和的目标一致。应建立健全的风险管理体系，评估与"双碳"目标相关的商业风险，包括市场风险、技术风险和政策风险，并制定相应的应对措施。从企业领导力、决策力、行动力等方面将 ESG 理念融入管理与投资决策。

中国的"双碳"目标不仅指明了国家政策的发展方向，也为 ESG 投资与实践提供了清晰的行动指南。随着 ESG 评价体系的不断完善，绿色金融产品的创新发展得到推动，为企业提供了实现"双碳"目标所需的资金支持。政府及监管机构有望加强对企业 ESG 信息披露的要求，构建一个更加开放、透明的市场环境，促进企业的可持续发展，提升中国企业在全球市场上的竞争力。中国企业的 ESG 实践将为全球可持续发展做出积极贡献，展现中国企业的国际责任感和领导力。

三、ESG 与新质生产力

进入 21 世纪以来,全球科技创新进入空前密集活跃的时期,新一轮科技革命和产业变革正在重构全球创新版图、重塑全球经济结构。在新一轮科技革命和产业变革中发展壮大战略性新兴产业,对实现经济高质量发展具有重要意义。

加快形成新质生产力能够推动经济发展方式转变、经济结构优化和增长动能转换,是贯彻落实新发展理念、实现高质量发展的关键环节,是全面建设社会主义现代化国家的重大举措。新质生产力是一种先进的生产力,它以创新为驱动,推进经济、产业、能源结构绿色低碳转型升级,形成绿色生产力,是高质量发展和中国式现代化的重要支撑。这也为 ESG 在我国的实践提供了指导方向。

在环境(E)维度,我国的新型工业化坚持绿色低碳的发展导向,通过产业结构调整加快发展方式绿色转型。坚持生态优先,大力发展循环经济、可再生能源开发、能源效率提升等举措,减少污染物和温室气体排放。同时,加快绿色科技创新,大力推广绿色科技创新和先进绿色技术、提高可再生能源利用率、发展壮大绿色低碳产业和供应链,构建绿色低碳循环经济体系,并优化经济政策工具,丰富碳汇、碳金融等产品,发挥绿色金融的牵引作用。

在社会(S)维度,我国致力于将国家宏观战略落到实处,全面推动新型工业化,并促进传统产业向绿色低碳方向转型升级。同时,积极布局绿色战略性新兴产业和未来产业的发展,通过乡村振兴、共同富裕等具有中国特色的社会议题,以及对企业员工、消费者、供应商等利益相关方的权利和平等诉求的积极响应,推动实现具有中国特色的 ESG 发展模式。我们也积极倡导全社会树立绿色发展理念,将之视为高质量发展的基石。加强绿色发展人才培养,推动绿色发展技术的研发与创新,通过推广绿色低碳发展的理念、价值观、制度规范和行为实践,激发公众主动参与降碳减污等环保行动的意识和决心,积极参与生态保护和环境治理,培育绿色文化。

公司治理(G)维度作为 ESG 核心组成部分,对于企业适应技术变革、实现可持续发展具有重要意义。在新质生产力快速发展的当下,中国企业在党和国家的方针政策的指引下,积极建立灵活的治理结构以快速响应技术革新,强化风险管理,确保合规性,并提升透明度以增强国内外投资者的信心。同时,在制定公司治理长期战略时,参照国企、央企的特性融入中国特色,将国际议题与国内国情相结合,通过加入

"党建"等元素,确保公司治理结构的科学性和可持续性,促进道德和企业文化建设,加强员工培训与发展,并完善技术治理机制。这些举措不仅反映了中国 ESG 发展的特色,也确保了企业社会责任与国家宏观战略的紧密结合。

　　展望未来,中国的 ESG 发展与实践将与国家战略更紧密地融合,特别是在推动经济向更高质量的发展转型方面发挥关键的作用。随着政策的持续优化和市场的日益成熟,ESG 因素将逐渐成为企业经营和投资决策的核心组成部分,对促进企业可持续发展和增强市场竞争力起到不可或缺的作用。

第二章

_____

环境（Environmental）

第一节　环境（E）的概念和代表性议题

ESG 不仅是一种着眼于企业长期价值增长的投资理念和评价体系，还是一种推动企业在追求经济效益的同时，兼顾环境保护、社会责任与公司治理的可持续发展战略。在本章中，我们将深入探讨 ESG 框架下环境维度的核心概念和深远意义，并审视企业在面对全球气候变化和环境问题时采取的关键行动和策略。通过这一章节的学习，读者将能够更全面地理解企业如何通过负责任的环境保护措施，为实现可持续发展目标做出积极贡献。

一、环境的概念

ESG 中的"E"代表环境，它强调企业在生产运营过程中对环境的影响和责任，E 要求企业在生态保护、资源利用、能源管理、废物处理、污染控制以及应对气候变化等方面采取积极的措施。企业在环境维度上的表现直接关系到企业可持续发展的能力、市场竞争力和财务稳定性。

ESG 中的环境议题主要包括：企业对气候的影响、企业对自然资源的保护、企业生产过程中的废物和消耗防治、环境治理、绿色技术、环保投入、发掘可再生能源的可能性，以及建造更环保建筑的可能性等。代表性议题如表 2-1 所示。

表 2-1　ESG 中环境维度代表性议题

代表性议题	议 题 涉 及 内 容
气候变化	企业活动对温室气体排放的影响，以及企业如何适应和缓解气候变化
能源使用	企业如何有效利用能源，包括能源的类型（可再生或非可再生）、消耗量和能效
水资源管理	企业对水资源的利用效率，以及水资源保护和污染预防的措施
废物管理	企业如何减少废物产生，以及废物处理和回收的做法
污染控制	企业在生产过程中产生的空气、水和土壤污染，以及相应的减排和治理措施

续　表

代表性议题	议题涉及内容
生物多样性	企业对生态系统和生物多样性的保护,包括对濒危物种栖息地的保护
环境治理	企业的环境政策、管理体系和合规性,以及对环境风险的识别和管理
绿色产品	企业提供的产品和服务是否有利于环境保护,如绿色包装、节能产品等
供应链环境影响	企业供应链中各环节的环境影响,以及如何推动整个供应链的可持续性
环境信息披露	企业如何透明地报告其环境绩效和影响,包括定期发布环境报告和相关数据
环境技术创新	企业在环境技术方面的创新和投资,以及如何通过技术提高环境绩效
环境风险管理	企业如何评估和管理与环境相关的风险,如合规风险、市场风险和物理风险
环境资本支出	企业在环境项目和设施上的投资,如清洁能源项目和污染控制技术
环境认证和合规	企业是否获得相关的环境管理体系认证(如 ISO),是否遵守环境法规
社区和环境正义	企业如何确保其环境政策和实践不会对某些社区或群体造成不公平的影响

面对全球气候变化的课题和生态环境退化的严峻挑战,国际社会不断推动企业对环境维度的重视,力图督促企业在自身发展的同时维护自然界生态平衡、可持续利用资源与能源、积极应对全球气候变化、提升企业长期价值和投资吸引力、履行社会责任,以及通过技术创新等手段,将环境责任融入战略和运营,为全球环境改善贡献力量,实现长期可持续发展。

二、气候变化与企业行动

随着工业技术的不断进步,人类社会取得了显著的发展成果。然而,这一过程是以巨大的能源消耗为代价的。企业作为现代工业系统的主体,在生产过程中对化石能源的依赖度极高,这直接导致了能源危机日益严峻,化石能源的有限性使得未来的能源供应面临巨大挑战。一旦化石能源耗尽,将会对全球经济和社会发展带来严重影响。根据国际能源署发布的《2023 年二氧化碳排放量报告》,2023 年全球与能源相关的二氧化碳排放量达到创纪录的 374 亿吨,较上一年增加 4.1 亿吨,增幅为 1.1%。由于异常干旱影响了水电,2023 年全球与能源相关的二氧化碳排放量有所增加,但由于太阳能、风能和电动汽车等技术的发展,增量低于 2022 年的 4.9 亿吨。报告中也指出,太阳能、风能、核能和电动汽车的持续推广避免了使用更多化石燃料，如果没有这些清洁能源技术的使用，过去五年全球二氧化碳排放量的增量将是现在的三倍。

　　大量使用化石能源导致空气污染、温室气体排放增加等，对生态系统造成了破坏。2023 年 3 月，联合国政府间气候变化专门委员会（IPCC）发布了第六次评估综合报告《气候变化 2023》（AR6 Synthesis Report：Climate Change 2023），以详细的篇幅详细阐述了全球气候升温和海平面上升等问题，以及这些问题对生态系统、农业生产、海平面附近的居民区和全球经济的严重威胁。气候升温导致的冰川融化和海平面上升不仅威胁着极地和沿海地区的生态平衡，还可能导致自然灾害频发，如洪水、干旱、飓风等，这些灾害对人类社会和自然环境的影响是深远和复杂的。数据表明，2023 年是有记录以来极端天气发生最为频繁的一年[①]，全球各地都不同程度地遭受到因为气候变化而引发的困境。

　　此外，气候变化还可能引发大规模的人口迁徙，导致社会秩序的混乱和不稳定。资源短缺不仅会限制经济的发展，还会进一步加剧地区之间的发展不平衡。在这样的严峻形势下，ESG 中的"E"即环境维度的重要性愈发凸显。企业作为社会经济体系的基本单位[②]，在应对气候变化和环境问题上承担着不可推卸的责任。

　　作为生产力的组织形式，企业的创新能力和生产效率直接关系到经济的增长和发展，但在追求经济效益的同时，企业也必须面对其对环境造成的影响。随着各国政府对环境问题的重视，企业生产对环境的责任不仅仅是道德上的要求，更是政策法规上的要求。企业需要采取切实可行的措施，减少碳排放，提高资源利用效率，实现经济发展与环境保护的良性互动，为社会的可持续发展做出贡献。

　　一方面，企业通过优化产业布局、绿色能源转型和推动低碳能源技术的举措，从传统能源转向太阳能、风能、核能、生物质能等低碳或无碳能源，减少对化石燃料的依赖，并通过设备更新，精益生产方法和优化生产流程，减少能源消耗，提高资源利用效率。尤其是随着大力采用数字化技术以及人工智能（artificial intelligence，AI）技术，企业生产过程得到了显著优化。例如，人工智能技术通过预测性维护减少设备停机时间、优化能源管理以降低成本、提升生产流程效率、实时监控环境影响、辅助管理决策、提升员工培训效率等多方面应用，显著提高了企业的资源配置效率。这些技术的

①　World Meteorological Organization（WMO）. Provisional State of the Global Climate in 2023［R/OL］. 2023. https：//wmo. int/sites/default/files/2023-11/WMO%20Provisional%20State%20of%20the%20Global%20Climate%202023. pdf.

②　赵有生. 现代企业管理［M］. 北京：清华大学出版社，2016：7.

应用不仅推动了企业向高质量发展转型,也为实现绿色生产和可持续发展目标做出了重要贡献。

另一方面,企业响应国家政策,遵从国家各级政府的节能减排法规,积极建立环境管理体系,公开环境治理信息,增强了自身的透明度和责任感,系统化地提升了环境绩效。此外,企业也利用其在生产各个环节的作用,推动了全链条的绿色转型,提倡绿色供应链,开发绿色产品,减少产品全生命周期的环境影响。

企业凭借积极的对内、对外的作为,有力践行可持续发展的承诺与社会责任,既履行了企业的环境责任,又提升了社会影响,为推动国家绿色发展目标的实现贡献了积极力量。

三、企业应对气候变化的策略

气候变化是全球环境问题的重要议题。全球平均气温的上升对生态系统和人类社会构成了严重威胁,因此在《巴黎协定》中,195 个国家承诺将全球平均气温"较工业化前水平升高控制在 2℃ 以内",并进一步将目标设定为努力"将气温升幅限制在工业化前水平以上 1.5℃ 之内"。

> 对于工业化前时期,普遍认为 1850—1900 年可以被作为可靠的参照期,这一时期人类尚未使用化石燃料,也是全球陆地和海洋最早有温度观测数据的时期。在这一时期,全球平均气温在 13.5℃ 左右。

为什么 2℃ 和 1.5℃ 的区别如此重要?2018 年诺贝尔经济学奖获得者威廉·诺德豪斯(William D. Nordhaus)在 1977 年发表的一份研究报告[①]中运用气候变化经济学模型提出了 2℃ 的概念,即如果全球平均气温比工业化前的水平高出 2℃ 以上,那么气候变暖对经济增长和环境质量的伤害将会变得更加严重。根据联合国气候科学小组即政府间气候变化专门委员会(Intergovernmental Panel on Climate Change,IPCC)的研究,在没有人类影响的气候下,极端天气事件大概每十年发生 1 次;当全球平均气温升高 1.5℃ 时,极端天气事件每十年将发生约 4.1 次;当升温 2℃ 时,极端天气事

---

① 姜维. 威廉·诺德豪斯与气候变化经济学. 气候变化研究进展[J], 2020, 16(3): 390-394.

件每十年将发生约 5.6 次①。1.5℃和 2℃之间的差异对于地球上的海洋和冰冻地区
至关重要,研究表明,温度升高 1.5℃时还可以避免格陵兰岛和南极西部的大部分冰
层崩塌,但超过 2℃,则冰层可能崩塌,海平面有可能上升 10 米。1.5℃的升温将摧毁
至少 70%的珊瑚礁,而温度升高 2℃时,超过 99%的珊瑚礁将会死亡。相较于 1.5℃,
2℃的气温上升还会增加对全球粮食生产的影响,大片地区将出现饥荒。由此,1.5℃
被认为是一个重要的防线,超过这个阈值将大幅增加极端气候事件的风险,对某些地
区和脆弱的生态系统造成不可逆转的损害(见图 2-1)。

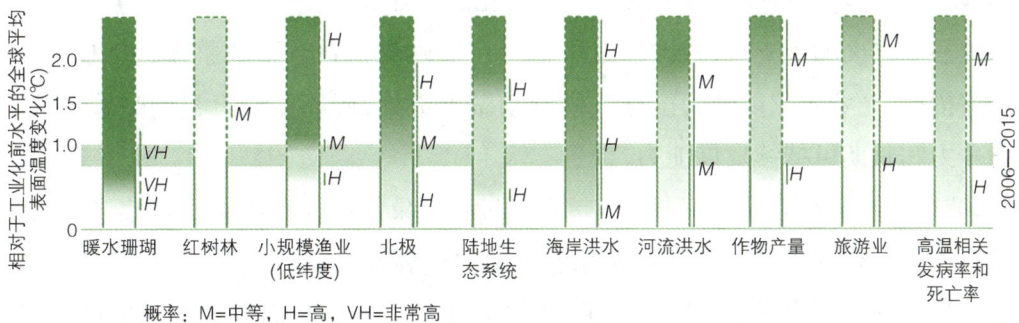

图 2-1　对特定的自然环境、人类系统的影响和风险

资料来源: The Intergovernmental Panel on Climate Change (IPCC). Special Report on Global
Warming of 1.5℃[R/OL]. 2018: 119. https://www.ipcc.ch/site/assets/uploads/sites/2/2022/06/
SR15_Chapter_2_LR.pdf.

在当前全球气候变化带来的严峻挑战下,企业的行动实践对于应对这一全球性
问题至关重要。企业必须采取积极措施,通过创新和可持续的经营策略减少温室气
体排放、增强环境适应力,并促进绿色经济的转型。这不仅是企业履行社会责任的体
现,也是确保企业长期竞争力和市场领导地位的关键。

企业应对气候变化的行动实践主要包括三个方面。

(1)企业环境目标。企业应设定明确的减碳目标,并制定实现这些目标的详细
路径和方案。这包括采用国际认可的温室气体核算体系,确保信息披露的透明度和
可比性。定期进行气候风险评估,包括评估物理风险和转型风险,以识别潜在的损失
并采取预防措施。通过发布 ESG 报告,向公众和投资者透明地披露企业在环境保护
和社会责任方面的表现。

① The Intergovernmental Panel on Climate Change (IPCC). Special Report on Global Warming of 1.5℃[R/
OL]. 2018. https://www.ipcc.ch/site/assets/uploads/sites/2/2022/06/SR15_Chapter_2_LR.pdf.

（2）绿色创新。投资于低碳技术和可再生能源的研发,提高能源效率,减少温室气体排放,探索新的商业模式和市场机会。推动供应链的绿色转型,与供应商合作实施减排措施,实现整个供应链的可持续性改进。利用绿色金融工具,如绿色债券和绿色基金,为低碳项目和气候适应措施吸引资金。

（3）企业内部建设。加强员工对气候变化问题的认识,通过培训和教育提升他们在低碳技术方面的技能和知识。与政府、国际组织和非政府组织合作,参与气候变化政策的制定,响应国际气候行动倡议。采取适应性措施,提高企业对气候变化影响的韧性,建立支持可持续发展和应对气候变化的企业文化。

这三个方面相互支持,共同构成了企业在气候变化背景下的整体行动框架。通过这些措施,企业不仅能够为全球气候行动做出贡献,还能提升自身的品牌形象、市场竞争力和长期可持续发展能力。

2021 年 7 月 9 日,生态环境部启动了 2021 年绿色低碳典型案例征集。随后,我国社会各部门均开始征集评选企业绿色转型的代表性案例,如中国国际商会可持续发展委员会联合商道纵横共同发布了《中国企业低碳转型与高质量发展报告 2022》,通过分析 100 家典型企业案例,探讨了"负成本-零排放-正增长"的高质量零碳转型之路。2023 年,由新京报零碳研究院和清华大学经管学院中国工商管理案例中心共同评选出的"2023 年度绿色发展十大案例"正式公布。入围案例涵盖新能源大规模开发利用、城市生态治理、绿色制造、低碳技术、碳足迹、碳金融、碳普惠等重点领域。受篇幅所限,具体内容可参见案例实践部分的介绍。

第二节　环境政策与法规框架

一、国际环境政策概览

气候变化是当今全球环境面临的最严峻的挑战之一,它不仅关系到生态系统的平衡,也直接影响着全球粮食安全、水资源分布、海平面上升以及极端天气事件的频率和强度等问题。全球气候治理是国际社会共同应对这一挑战的重要机制,其发展历程和走向对全人类的未来具有深远的影响。全球气候治理的起点通常可以追溯到

1972 年的联合国人类环境会议,这次会议首次将环境问题提上了国际议程。随后,1990 年联合国框架下国际气候谈判的启动,特别是《联合国气候变化框架公约》(UNFCCC)的签署,为全球气候治理提供了法律基础和合作框架,标志着全球气候治理的正式开始。回顾过去的 30 多年,国际社会在全球气候治理上取得了长足的进展,不仅体现于国际协议的签署,还体现于各国在减排技术、可再生能源发展、气候适应、韧性建设等方面的努力。全球气候行动正迈向一个目标明确,治理结构多层化、多元化的新阶段。各国政府正不断加强气候政策的支持力度,国际合作也日益紧密,共同应对气候变化带来的挑战。从国家层面到地方、企业乃至公民社会,各方都在积极参与气候治理,形成一个多元化的行动网络。同时,技术创新、金融支持和公众参与也在这一过程中发挥着至关重要的作用,共同推动着全球向低碳、可持续的未来转型。

　　以下我们将通过时间脉络梳理国际社会上重要的政策法规、国际协议和国际组织(见表 2-2),从而展现国际社会对气候变化问题认识的深化和应对气候变化行动的加强。

表 2-2　国际环境政策和重要事件

时　间	重 要 政 策 和 事 件
1972 年	联合国通过《联合国人类环境会议宣言》,强调了保护和改善人类环境的重要性
1979 年	联合国通过《远距离越境空气污染公约》,用于处理跨国空气污染问题
1987 年	《蒙特利尔议定书》签订,国际社会为保护臭氧层而行动
1987 年	世界环境与发展委员会发布了一份重要报告《我们共同的未来》。该报告明确提出,气候变化是国际社会面临的重大挑战,呼吁国际社会采取共同的应对行动
1988 年	政府间气候变化专门委员会(IPCC)成立
1990 年	第 45 届联合国大会通过了题为《为今世后代保护全球气候》的 45/212 号决议,决定设立一个单一的政府间谈判委员会(INC),制定一项有效的气候变化框架公约,由此正式拉开了国际气候谈判和全球气候治理的序幕
1990 年	IPCC 发布第一次评估报告(IPCCAR1),确认了气候变化的科学依据
1992 年	《联合国气候变化框架公约》通过,为应对气候变化提供了一个基本框架
1997 年	《京都议定书》规定了发达国家的温室气体减排目标,并采用以"自上而下"为主的减排目标分摊模式

续　表

时　间	重 要 政 策 和 事 件
2001 年	《波恩专约》签订,进一步明确了《京都议定书》的实施规则
2014 年	IPCC 第五次评估报告发布,为《巴黎协定》的制定提供了主要的科学支撑
2015 年	《巴黎协定》提出了将全球温升控制在 2℃ 以内,并努力追求 1.5℃ 的目标。同时,将减排目标分摊模式改为以"自下而上"为主的国家自主贡献模式
2021 年	《格拉斯哥气候公约》通过,在第 26 届联合国气候变化大会(COP26)上,各国同意逐步减少煤炭使用,并完成了对《巴黎协定》实施细则的谈判
2021 年	中美两国发表《中美应对气候危机联合声明》,承诺加强合作。拜登政府宣布美国重新加入《巴黎协定》
2023 年	第 28 届联合国气候变化大会(COP28)就多项议题达成共识,形成"阿联酋共识",就制定"转型脱离化石燃料"的路线图达成一致,这在联合国气候变化大会的历史上尚属首次,具有重要里程碑意义

二、中国环境法规政策

全球气候治理正处于一个挑战与机遇并存的转折点。尽管新冠疫情的冲击和俄乌冲突的激化给世界经济带来了沉重打击,也增加了国际关系的不确定性和不稳定性,但在这样的背景下,全球气候治理的重要性愈发凸显,成为连接人类命运共同体的纽带。主要经济体,包括中国、美国和欧盟,已经将应对气候变化上升到战略高度,并将其纳入外交政策和国家安全的核心议程。

在这样的大背景下,大国间在气候治理能力、国际规则制定权和全球领导力方面的竞争与合作不仅推动了全球气候治理目标的实现,也为南北对话和南南合作注入了新的动力。这些努力共同促进了全球气候治理体系的发展,为构建一个更加绿色、可持续的未来奠定了坚实的基础。中国作为全球气候治理的积极参与者、贡献者和引领者,坚定推动构建人类命运共同体,通过国际气候谈判凝聚共识,推动各国加快落实《巴黎协定》等全球气候协议。中国致力于推动构建一个公平合理、合作共赢的全球气候治理体系,为世界可持续发展贡献中国智慧、中国方案和中国力量,同时在国内实施有效政策,确保与国际承诺的一致性,展现了对多边主义的坚持和对全球生态安全的承诺。

　　2014 年,政府间气候变化专门委员会发布了第五份报告。这份报告指出,人类活动"极有可能"(extremely likely,95% 以上可能性)导致了 20 世纪 50 年代以来的大部分(50% 以上)全球地表平均气温升高。这份报告为《巴黎协定》的制定提供了主要的科学支撑。

中国参与国际气候谈判和合作的历史进程大致可以分为三个时期。

（一）早期参与期（1990—2006 年）

早期参与期我国的重要文件和事件如表 2-3 所示。

表 2-3　早期参与期的重要文件和事件

时　间	重 要 文 件 和 事 件
1990 年	中国成立国家气候变化协调小组。本着"积极认真,坚持原则,实事求是和科学态度"的方针,1990 年,协调小组通过了中国关于气候变化公约谈判的基本立场,为中国参与公约谈判奠定了良好基础
1992 年	全国人大批准《联合国气候变化框架公约》,并于 1993 年 1 月将批准书交存联合国秘书长处,成为最早的缔约国之一
1994 年	联合国环境与发展大会召开以后,中国政府率先组织制定了《中国 21 世纪议程——中国 21 世纪人口、环境与发展白皮书》,从国情出发采取了一系列政策措施,为减缓全球气候变化做出了积极的贡献
1998 年	中国对原气候变化协调小组进行调整,成立了由 13 个部门参与的国家气候变化对策协调小组
2003 年	小组再次调整,由 15 个部门组成,为中国气候变化领域重要的领导机构
2006 年	国家气候变化专家委员会组建完毕,成为支撑中国参与气候谈判的重要智囊团

（二）积极推动期（2007—2014 年）

积极推动期我国的重要文件和事件如表 2-4 所示。

表 2-4 积极推动期的重要文件和事件

时　间	重　要　文　件　和　事　件
2007 年	为了更好地推进应对气候变化和节能减排工作,中国专门成立了议事协调机构——国家应对气候变化及节能减排工作领导小组
2007 年	外交部成立应对气候变化对外工作领导小组,设立气候变化谈判特别代表
2007 年	《中国应对气候变化国家方案》发布,这是中国首份全面的应对气候变化的政策性文件,也是发展中国家颁布的第一部应对气候变化国家方案,标志着中国将应对气候变化纳入国民经济和社会发展的总体规划
2007 年	第一部国家气候变化评估报告正式出版,为中国制定和实施应对气候变化的国家战略和参与应对气候变化的国际合作提供了有力的科技支撑
2008 年	中国共产党第十七次全国代表大会上,"应对气候变化"首次被写入中国共产党的纲领性文件
2008 年	在国家机构改革中,国家发展和改革委员会特别设立了应对气候变化司
2008 年	开始每年发布《中国应对气候变化的政策与行动》白皮书,全面阐述积极应对气候变化的立场,介绍应对气候变化的新进展
2013 年	《国家适应气候变化战略》发布,将适应气候变化的要求纳入国家经济社会发展的全过程
2014 年	习近平与时任美国总统奥巴马发表《中美气候变化联合声明》,双方宣布 2015 年达成的协议要体现共同但有区别的责任原则和各自能力原则,并公布了中美 2020 年后各自的行动目标

（三）重要引领期（2015 年至今）

重要引领期我国的重要文件和事件如表 2-5 所示。

表 2-5 重要引领期的重要文件和事件

时　间	重　要　文　件　和　事　件
2015 年	中国提出强化应对气候变化行动和措施,作为实现《联合国气候变化框架公约》目标的一部分
2015 年	习近平与时任法国总统奥朗德发表《中法元首气候变化联合声明》,就建立每五年开展一次全球盘点以促进各方持续提高应对气候变化力度的机制达成一致意见,确保了《巴黎协定》实施的可持续性

续　表

时　间	重 要 文 件 和 事 件
2015 年	习近平出席巴黎气候大会开幕式并发表主旨讲话,提出了实现公约目标、引领绿色发展,凝聚全球力量、鼓励广泛参与,加大投入、强化行动保障,照顾各国国情、体现务实有效的重要观点,展现了气候治理的中国方案①
2017 年	习近平在瑞士日内瓦万国宫出席"共商共筑人类命运共同体"高级别会议,并发表题为《共同构建人类命运共同体》的主旨演讲
2020 年	习近平在气候雄心峰会上通过视频发表题为《继往开来,开启全球应对气候变化新征程》的重要讲话,就进一步推进全球气候治理提出了中国方案,受到国际社会的广泛关注和赞誉
2020 年	习近平在第 75 届联合国大会一般性辩论中宣示了"二氧化碳排放力争于 2030 年前达到峰值,努力争取 2060 年前实现碳中和"的目标
2021 年	4 月,中美双方签署《中美应对气候危机联合声明》。11 月,两国在格拉斯哥气候大会期间共同发布《中美关于在 21 世纪 20 年代强化气候行动的格拉斯哥联合宣言》,向国际社会发出了中美合作应对气候变化的积极信号,增强了国际社会对全球气候治理发展前景的信心
2022 年	在 2022 年世界经济论坛年会上,中国承诺力争 10 年内植树 700 亿棵,这是中国应对气候变化的务实行动
2023 年	全国生态环境保护大会召开,为中国应对气候变化工作稳妥、有序开展指明了方向和要求
2023 年	在碳达峰、碳中和"1+N"政策体系的框架下,相关部门出台了具体领域的碳达峰、碳中和实施方案和政策
2023 年	中美联合发布《关于加强合作应对气候危机的阳光之乡声明》,提出中美两国致力于有效实施《巴黎协定》及其决定,并启动 21 世纪 20 年代强化气候行动工作组
2024 年	生态环境部发布《中国适应气候变化进展报告(2023)》,分享中国实践和经验,为推动美丽中国建设和全球气候治理做出积极贡献
2024 年	《中国人民银行、国家发展改革委、工业和信息化部、财政部、生态环境部、金融监管总局、中国证监会、国家外汇局关于进一步做好金融支持长江经济带绿色低碳高质量发展的指导意见》发布

---

① 新华网. 习近平在气候变化巴黎大会开幕式上的讲话(全文)[EB/OL]. (2015-12-01)[2024.12.30]. http://xinhuanet.com/world/2015-12/01/C_1117309642.htm.

2015 年 11 月 30 日,习近平出席巴黎气候大会开幕式并发表主旨讲话,这是自 1990 年国际气候变化谈判进程启动以来,中国领导人首次出席联合国气候变化缔约方大会。

我国政府在应对全球气候变化方面展现出了坚定的决心和积极的领导力。作为世界上最大的发展中国家和重要的国际参与者,中国不仅在国内大力推进绿色、低碳的发展模式,而且在国际舞台上发挥着越来越重要的作用。中国政府积极参与全球气候治理,通过国际合作和多边机制,与世界各国共同应对气候变化带来的挑战,以积极的姿态引导和参与国际气候行动,为全球应对气候变化做出了重要贡献,并将继续发挥其在全球气候治理中的重要作用。

为了有效促进城市和园区碳达峰工作,国家发展改革委等部门出台了《国家碳达峰试点建设方案》;为了明确"十四五"和"十五五"期间控制化石能源开采、畜禽养殖粪污处置、垃圾和污水处理、农作物种植等领域甲烷的排放控制目标,生态环境部等部门印发《甲烷排放控制行动方案》;为了有序应对欧盟的碳边境调节机制和其他国家类似政策的影响,出台了《国家发展改革委等部门关于加快建立产品碳足迹管理体系的意见》等。

第三节　循 环 经 济

在当今中国,随着经济的快速发展和环境问题的日益凸显,探索可持续发展之路已成为当务之急。在 ESG 环境维度中,循环经济模式正逐渐崭露头角,成为推动经济增长与环境保护协同发展的重要力量。

循环经济的核心就是提高资源利用效率,以更少的资源消耗和环境排放,获得更多、更高附加值和更具可持续性的产品和服务。《中共中央关于制定国民经济和社会发展第十四个五年规划和二○三五年远景目标的建议》中明确提出,"十四五"时期要"推动绿色发展,促进人与自然和谐共生",强调"全面提高资源利用效率"。将循环经济"减量化、再利用、资源化"的理念贯彻到资源开采加工、产品生产制造、商品流通消费、废物循环处置的各环节,全面提高资源利用效率,对保障国家资源安全、助力"双碳"目标都将发挥重要作用。

一、循环经济的概念和内涵

20 世纪 60 年代,美国经济学家肯尼思·博尔丁(Kenneth Boulding)首次提出"循环经济"这一概念①,主要指在人、自然资源和科学技术的大系统内,在资源投入、企业生产、产品消费及其废弃的全过程中,把传统的依赖资源消耗的线形增长经济转变为依靠生态型资源循环来发展的经济。2005 年,《国务院关于加快发展循环经济的若干意见》指出:"改革开放以来,我国在推动资源节约和综合利用,推行清洁生产方面,取得了积极成效。但是,传统的高消耗、高排放、低效率的粗放型增长方式仍未根本转变,资源利用率低,环境污染严重。"因此,"为抓住重要战略机遇期,实现全面建设小康社会的战略目标,必须大力发展循环经济,按照'减量化、再利用、资源化'原则,采取各种有效措施,以尽可能少的资源消耗和尽可能小的环境代价,取得最大的经济产出和最少的废物排放,实现经济、环境和社会效益相统一,建设资源节约型和环境友好型社会"。这不仅指出了循环经济的核心、原则、特征,也指出循环经济是符合可持续发展理念的经济增长模式,对解决我国资源对经济发展的"瓶颈"问题具有迫切的现实意义。

循环经济的本质是一种生态经济,是可持续发展理念的具体体现和实现途径。联合国在其《2030 年可持续发展议程》中强调了循环经济在实现可持续发展目标中的作用。自 20 世纪 90 年代循环经济的思想进入我国后,循环经济逐步成为我国推进产业升级、转变经济发展方式的重要力量,也是我国实现"双碳"目标的重要手段之一。

纵观全球,欧盟、美国、日本、新加坡等主要发达经济体都将发展循环经济作为拉动经济增长、实现气候目标的重要支柱和关键路径,并制定了一系列配套法规、指令和相关行动计划。欧盟于 2015 年 12 月通过了一系列循环经济政策,包含立法和非

---

① 张智光. 面向生态文明的超循环经济: 理论、模型与实例[J]. 生态学报, 2017, 37(13): 4549-4561.

立法的举措倡议,合称为《循环经济行动计划》,旨在推进全球最大的单一市场向循环经济转型。作为首批推动循环经济的重大立法和政策体系之一,该计划为在欧洲乃至全球落实循环经济政策提供了开创性的蓝图。欧盟统计局称,2017 年经维修、重复使用和循环利用等循环活动创造的附加值近 1 550 亿欧元 。2012—2016 年,与循环经济相关的就业也增加了 6%。这证明循环经济不仅是环境议程,更是一项经济议程,可帮助创造经济机会,促进就业和投资。在第一版《循环经济行动计划》的基础上,2020 年 3 月,欧盟委员会发布了新版《循环经济行动计划》,即欧洲循环经济 2.0 版本,这是欧洲可持续增长的新议程《欧洲绿色新政》的主要组成部分之一。新计划将使循环经济成为生活的主流,加快欧洲经济的绿色转型,助推实现 2050 年气候中立目标。其中,德国在 2012 年、2016 年、2020 年相继通过《资源效率计划》1.0、2.0、3.0 版,提出包括供应、生产、消费、闭环管理、整体措施五大环节的全价值链循环发展策略,将资源循环作为减少温室气体排放、实现碳中和目标的重要支撑路径,提出到 2025 年实现 100% 的塑料回收与循环利用等目标。

2003—2018 年,日本每隔五年持续发布了四次《循环型社会形成推进基本计划》,提出了构建循环型社会的主要行动和具体措施。从 2008 年开始,日本明确将循环经济与低碳发展联系在一起,提出努力建设循环型、低碳型、自然和谐的可持续社会。2020 年,日本发布"绿色增长战略",明确了其碳中和目标的实现路径,其中,发展资源循环相关产业、碳循环产业是关键支撑之一。

2021 年 2 月 22 日下午,由欧盟委员会、联合国环境署(UNEP)发起,联合国工业发展组织(United Nations Industrial Development Organization,UNIDO)加入的全球循环经济与资源效率联盟(Global Alliance on Circular Economy and Resource Efficiency,GACERE)正式成立,旨在将政府、相关国际组织与网络召集在一起,为与循环经济转型、资源利用效率、可持续消费和生产模式以及包容与可持续工业化有关的倡议提供全球动力。

二、大力发展循环经济的现实意义

我国历来重视循环经济发展,这是转变我国经济发展方式,缓解资源约束、减轻环境压力,实现全面建设小康社会目标,促进人与自然和谐,建设生态文明的重要途径。2005 年,出台《国务院关于加快发展循环经济的若干意见》;2008 年,我国颁布了

《中华人民共和国循环经济促进法》;2013年,国务院印发《循环经济发展战略及近期行动计划》,开始实施循环经济"十百千"示范行动;2017年,国家发展改革委等14个部委联合发布《循环发展引领行动》,在"十三五"期间实施十项重大专项行动。在一系列政策措施推动下,我国循环经济建设成效显著。中国循环经济协会与工业和信息化部公布的"十三五"期间数据,发展循环经济对我国碳减排的综合贡献率约为25%;2020年,我国通过发展循环经济,共计减少 CO_2 排放量约26亿吨,再生有色金属产量1450万吨,占全国十种有色金属产量的23.5%,其中再生铜、再生铝和再生铅产量分别达到325万吨、740万吨和240万吨[1],分别占铜、铝、铅国内总产量的32.4%、20%和37.2%[2]。

"十四五"时期是我国全面建成小康社会、实现第一个百年奋斗目标之后,乘势而上开启全面建设社会主义现代化国家新征程、向第二个百年奋斗目标进军的第一个五年。2021年3月,国家发展改革委印发了《"十四五"循环经济发展规划》,对"十四五"循环经济发展进行了总体部署,以"全面提高资源利用效率"为核心目标,以再利用、资源化为重点,部署了三大任务、五大工程、六大行动和四项保障政策,确定全面推行循环经济理念、构建多层次资源高效循环利用体系等任务,明确和细化了"十四五"循环经济发展的时间表和路线图。

2021年4月,习近平在中共中央政治局第二十九次集体学习时强调"要抓住资源利用这个源头,推进资源总量管理、科学配置、全面节约、循环利用,全面提高资源利用效率"[3],更加明确指出发展循环经济可以实现资源的闭路循环,有效促进资源节约集约循环利用。

在碳中和转型的新格局下,中国的循环经济正迎来一个快速增长的时期。循环经济作为一种提高资源效率、减少环境污染的经济模式,对于实现中国的"双碳"目标具有重要意义。然而,在推动循环经济的创新发展过程中,我国也面临着以下六个方面的新挑战。

（1）循环经济活动的碳减排量核算。循环经济活动的碳排放核算复杂性高,涉

---

[1]　邱海峰. 循环经济发展空间大[N]. 人民日报海外版,2021-07-13(3).

[2]　工业和信息化部. 2021年1—10月有色金属行业运行情况[EB/OL]. （2021-11-25）[2024-06-10]. https://www.miit.gov.cn/jgsj/ycls/gzdt/art/2021/art_3ae80f04de6d4afa8503661c37698ac0.html.

[3]　人民网. 习近平在中共中央政治局第二十九次集体学习时强调保持生态文明建设战略定力 努力建设人与自然和谐共生的现代化[EB/OL]. （2021-05-01）[2025-02-25]. https://jhsjk.people.cn/article/32093791.

及多个方面。我国在区域、行业、企业等层面的循环经济活动与碳减排量化分析上存在基础数据不足、核算方法工具缺失、标准不一致、统计评价机制不健全等问题。这些问题不仅影响行业评定体系和政策制定,也阻碍了循环经济市场机制的构建,如企业循环经济碳减排效益无法被纳入国内碳市场交易体系,可能影响企业产品在国际贸易中的竞争力,在国际碳边境调节机制下尤其如此。

(2)关键矿产资源的循环利用①。鉴于国内对新能源产业关键矿产品的高对外依存度,突破并提升这些资源在开采、使用、回收及再利用过程中的循环利用技术成为一项重要挑战。此外,构建完备的绿色产业链与供应链,以及在产品设计和技术攻关方面的创新,都是未来发展中需要重点关注的方面。

(3)绿色金融与投资。随着循环经济的发展,需要更多的绿色金融产品和投资来支持相关项目和企业。然而,目前绿色金融体系尚不完善,资金筹集渠道有限,而且对循环经济项目的环境和社会效益评估标准不一,这增加了企业和投资者的风险,限制了资本的有效流动。

(4)传统循环经济结构的优化。当前的循环经济结构主要侧重减碳,但清洁化、低碳化技术水平及行业规模化、规范化发展程度仍亟待提升。再生资源循环利用行业中存在大量中小企业,行业差异大,部分行业能耗和碳排放高,缺乏全生命周期的综合评估和技术支持,影响了产业的高质量发展。随着能源和产业结构的调整,需要加大对新能源和化石资源材料化等领域的创新突破和产业发展的支持。

(5)技术和商业模式创新。为了适应碳中和的要求,循环经济领域需要持续的技术和商业模式创新。这包括开发新的回收和再利用技术、探索基于共享经济的循环利用模式等。然而,创新过程中的不确定性、研发成本高昂以及市场接受度等问题,都是推动循环经济发展需要克服的障碍。

(6)政策和法规的适应性。现有的政策和法规可能未能完全适应循环经济发展的新趋势和需求。政策更新滞后、法规执行力度不足以及跨部门协调机制不健全等问题可能导致循环经济实践中的监管空白或效率低下,影响产业的健康发展。

综上所述,在世界格局持续变化、世界经济日益复杂的形势之下,绿色发展已然成为国际合作的全新基点。2023 年,时任中国气候变化事务特使解振华和美国总统

---

① 孟小燕,熊小平,王毅. 构建面向"双碳"目标的循环经济体系:机遇、挑战与对策[J]. 环境保护,2022(1):51—54.

气候问题特使约翰·克里(John Kerry)于 7 月 16—19 日在北京、11 月 4—7 日在加利福尼亚阳光之乡举行会谈,并发表《关于加强合作应对气候危机的阳光之乡声明》,就应对全球气候危机问题明确重点合作领域,夯实了在转型和变局中实现多边合作的基础。

伴随着中国对碳中和的坚定承诺以及绿色金融的飞速发展,独具中国特色的 ESG 实践也正在迅速崛起。在这一时代浪潮之中,企业所肩负的环境责任愈发重要,将 ESG 理念深度融入企业发展的脉络已然成为企业实现高质量发展的关键课题。

第三章

社会（Social）

第一节　社会(S)的概念和代表性议题

本章我们将深入讨论 ESG 的另一个关键维度:社会。我们将详细阐释社会维度的概念和内涵,并结合当前国际和国内的最新发展,分析社会维度下的代表性议题以及它们在现实世界中的重要性和深远影响。

通过对社会维度的深入分析,本章旨在帮助读者全面理解企业如何在社会责任方面发挥作用,以及这些实践如何促进社会可持续发展。本章不仅涵盖了社会维度的理论基础和全球视野,还特别聚焦中国在社会维度的独特实践和面临的挑战,展现中国在全球可持续发展进程中的贡献和努力。

通过本章的学习,我们期望读者能够获得对社会维度的深入理解,认识到企业在其中扮演的关键角色。我们希望通过对社会维度的全面分析,使读者明白企业如何通过其运营和战略,在社会责任方面发挥积极作用,以及这些实践如何对社会的可持续发展产生促进作用。读者将更加清晰地认识到企业社会责任的重要性,理解企业如何在促进经济增长的同时,确保社会公正和环境可持续性。

一、社会(S)的概念

ESG 中的 S 代表社会(social),强调企业需要考虑其社会影响和伦理道德,在生产运营过程应承担相应的社会责任。相对于 E 清晰且明确的范围,S 是企业与外界的联结,涉及多个复杂的议题,涵盖企业内外多个领域,并与企业价值观和长期发展目标紧密相关。2021 年,明晟(MSCI)在其研究报告中①全面详细地分析了 ESG 各个维度的指标对企业的影响,社会对企业长期发展和短期股价波动都具有非常重要的影响。

ESG 中社会议题主要包括员工福利与健康、产品质量安全、隐私数据保护、产业扶贫、乡村振兴、性别及性别平等、人权政策、反强迫劳动、反歧视、社区沟通等。代表

---

① Lee L-E, Nagy Z, Giese G. Deconstructing ESG Ratings Performance: Risk and Return for E, S and G by Time Horizon, Sector, and Weighting[R/OL]. 2021. https://www.msci.com/www/research-report/deconstructing-esg-ratings/01921647796.

性议题如表 3-1 所示。

表 3-1   ESG 中社会维度的代表性议题

员工福利	包括工作条件、工资福利、员工健康与安全、多样性与包容性、员工发展和培训等
社区参与	企业在所在社区中的角色,包括社区支持、慈善捐赠、志愿服务等
消费者保护	确保产品和服务的安全性,以及公平的市场营销和消费者权益保护
供应链责任	确保供应链的可持续性,包括环境和社会责任的合规性
人权政策	尊重和支持国际公认的人权,包括劳工权利,反对任何形式的强迫劳动
性别及性别平等	倡导企业员工与董事会成员在年龄、性别、种族、专业与教育背景等方面的多元化,性别及性别平等政策

上述议题又可分为企业内部和外部议题两类。企业内部议题包括员工健康与安全、种族文化多样性与包容性、员工成长等。企业外部议题包括供应链责任、社区关系、公平贸易等议题。

自 ESG 理念诞生以来,社会维度一直是 ESG 意识的萌芽领域。尽管随着时间推移,国际社会对气候变化和环境问题的关注使得 ESG 投资的焦点越来越多地集中在环境维度,但社会维度的重要性从未减退。近年来,全球政治经济的动荡和全球新冠疫情的冲击加剧了公共卫生、社会平等、消费者权益保护等方面的社会问题。这些问题的凸显促使投资者重新审视并加强对企业社会维度的关注。投资者越来越意识到,企业在社会维度的表现对于其长期价值和风险管理至关重要。企业也逐渐认识到,积极履行社会责任不仅能塑造积极的企业形象、吸引投资者和人才,还能激发企业的活力和创新能力。这不仅能在市场中增强企业的竞争力,提供更好的发展机遇,还能助力企业实现长期的增长和发展目标。因此,社会维度再次成为 ESG 投资中不可忽视的关键领域,其影响力和重要性与日俱增。

二、中国企业在社会维度的发展与实践

在 ESG 理念中,社会是企业与外部交互的关键所在,需要企业在诸多层面与外部相关方彼此推动、相互联动,并且在企业内部的多个维度实现协同进步。在中国,社会维度的实践尤为丰富,并展现出中国现阶段的发展特色和文化特点。相较于欧美企业社会维

度的议题,中国企业社会维度议题在国家宏观战略方针的指导下,既全面覆盖乡村振兴、共同富裕、农业发展、公共卫生等内容,也伴随着我国经济发展的不同阶段逐步深化①。

自 2001 年中国正式加入世界贸易组织(WTO)以来,中国企业开始融入全球经济体系,与国际市场接轨。这一过程中,中国企业不仅接受了国际规则和标准的洗礼,也更加重视全球供应链中的社会责任议题。2002 年,随着《上市公司治理准则》的发布,中国为上市公司提供了一套治理的基本原则和衡量标准,这标志着中国企业在社会实践方面的正式起步,为企业 ESG 实践奠定了基础。

2004 年,中国提出了构建社会主义和谐社会的目标,这一宏伟目标进一步拓宽了企业社会责任的实践领域。企业社会责任不再局限于传统的经济责任,而是扩展到社会公益、社区建设、文化建设等更广泛的社会领域。这不仅促进了企业在社会责任方面的深入实践,也推动了企业与社会的和谐共生,为社会的可持续发展贡献了积极力量。通过这些措施,中国企业在社会责任方面的实践逐渐成熟,不仅提升了企业自身的社会形象和品牌价值,也为推动社会进步和可持续发展做出了重要贡献。

随着 21 世纪的到来,中国坚定地踏上全面建设小康社会的征程,将社会议题的重点放在了减少贫困、推动教育公平、提升人民生活水平上,致力于实现共同富裕的伟大目标。在当前经济由高速增长向高质量发展转型的关键时期,社会实践已经在多个关键领域展现出其重要性。创新驱动作为发展的核心动力,正引领着社会进步和产业升级。产品和服务质量的提升不仅增强了消费者的满意度,也为企业赢得了市场竞争力。就业促进作为社会稳定的基石,为经济增长提供了源源不断的活力。同时,社会稳定也为国家发展营造了和谐稳定的环境。

在这一进程中,社会议题上的深入实践不仅体现了我国对人民福祉的重视,也彰显了中国在全球可持续发展中的责任与担当。通过这些实践,中国正逐步构建一个更加公平、包容、可持续的社会,为实现长远的经济社会目标奠定了坚实的基础。

下面我们将选取 ESG 在中国实践中具有代表性的议题,即乡村振兴和绿色供应链管理,进一步介绍 ESG 在中国的实践之路。

乡村振兴和绿色供应链管理是中国实现 ESG 社会维度实践的代表性议题,对于推动国家的可持续发展具有深远影响。乡村振兴通过改善农村基础设施、教育、医疗

---

① 中央大学绿色金融国际研究院. 中国上市公司 ESG 行动报告(2022—2023)[EB/OL]. (2023-08-16)[2024-06-18]. https://iigf.cufe.edu.cn/info/1014/7437.htm.

和提高生活质量,缩小了城乡差距、促进了社会公平,是推动绿色发展和生态文明建设的重要力量。绿色供应链管理则通过整合环境和社会责任,不仅提升了企业的环境责任和社会形象,还实现了经济效益与社会效益的平衡。在中国发展的伟大蓝图中,乡村振兴是实现全面小康社会目标的关键途径,关系到亿万农村居民的福祉和国家的长期繁荣;绿色供应链管理则展现了中国在全球可持续发展中的领导力和责任感。两者相辅相成,共同构建了一个和谐、公平、绿色的未来,体现了中国对全球可持续发展承诺的具体行动。通过这些战略的实施,中国正朝着构建一个更加繁荣、包容、可持续的社会稳步前进。

（一）中国 ESG 实践之乡村振兴

党的二十大报告提出,全面推进乡村振兴。坚持农业农村优先发展,坚持城乡融合发展,畅通城乡要素流动。扎实推动乡村产业、人才、文化、生态、组织振兴。

2018 年,中央发布《中共中央、国务院关于实施乡村振兴战略的意见》,将实施乡村振兴战略的总体要求和主要任务概括为"五个新"和"一个增强"（见图 3-1）,并在具体实施时突出"四个强化"（见图 3-2）。

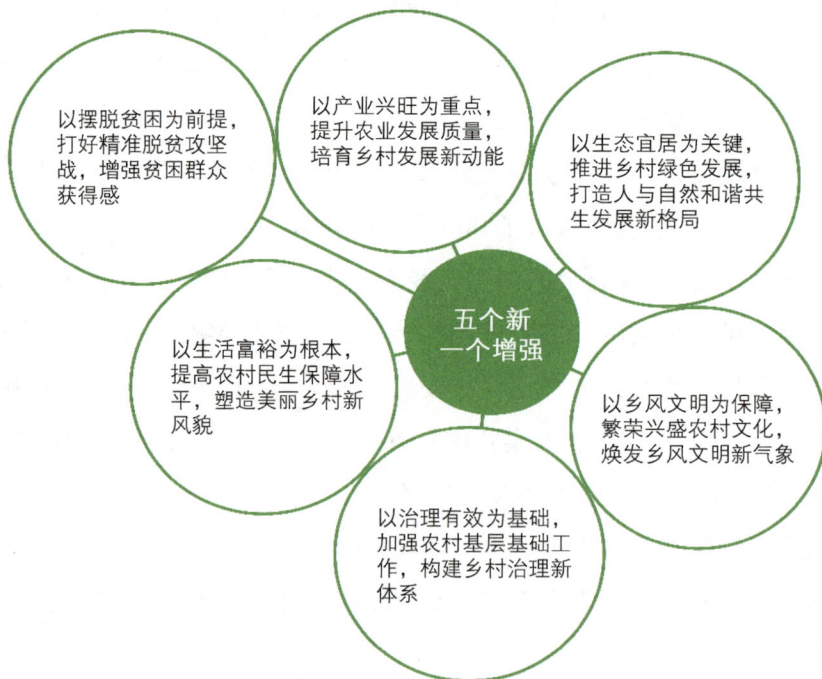

图 3-1 "五个新"和"一个增强"

图 3-2　"四个强化"

以完善农村产权制度和要素市场化配置为重点，强化制度性供给

畅通智力、技术、管理下乡通道，造就更多乡土人才，强化人才支撑

四个强化

制定国家乡村战略规划，强化规划引领作用

健全投入保障制度，开拓投融资渠道，强化投入保障

　　2024 年，中央一号文件《中共中央、国务院关于学习运用"千村示范、万村整治"工程经验有力有效推进乡村全面振兴的意见》从确保国家粮食安全、确保不发生规模性返贫、提升乡村产业发展水平、提升乡村建设水平、提升乡村治理水平、加强党对"三农"工作的全面领导等六个方面明确提出有力有效推进乡村全面振兴具体"路线图"。

　　乡村振兴之所以受到党和国家的高度重视，是因为中国是传统农业大国，也是农业资源与人口大国，乡村振兴是建设农业强国的重要任务，也是我们实现共同富裕、全面建成社会主义现代化强国的重要途径之一。现阶段我国在全面推进乡村振兴的课题中还要面对许多困难，主要体现在四个方面。

　　（1）城乡发展不平衡。国家统计局数据显示，2023 年城镇居民和农村居民人均可支配收入分别为 51 821 元和 21 691 元，收入差距降至 2.39 倍，比 2022 年缩小了 0.06，但仍有较大差距。除收入外，在教育、健康等方面也有较大差距。

　　（2）产业结构仍缺乏现代化的生产方式，有较多的劳动力在从事小规模的农业经营，农民收益偏低，农产品的国际竞争力较低。根据第三次农业普查数据，我国小农户数量占农业经营主体的 98% 以上，小农户从业人员占农业从业人员的 90%，小农户经营耕地面积占总耕地面积的 70%。

（3）农村人口总量减少,老年人口增多。第七次人口普查结果显示,我国乡村人口在 10 年间从 6 亿左右下降到 5 亿左右,占全国总人口的比重从 50% 下降到 36%。与 2010 年相比,15~59 岁劳动年龄人口比重下降 7%,60 岁及以上人口比重上升 5%。

（4）乡村治理的结构化、信息化、技术化也存在滞后和意识不足的短板,造成农村社会发展不平衡、发展动力和潜力相对落后等弊端。

针对这些现实问题,"十四五"规划和 2035 年远景目标纲要提出"坚持农业农村优先发展、全面推进乡村振兴"的指导思想及一系列重要部署,从农村地区人口结构、乡村治理、社会发展、乡村居民社会观念等多个方面提出了乡村振兴的五个具体实施途径(见图 3-3)。

通过提升农业经营效益和推动第一、第二、第三产业的融合发展,解决城乡发展不平衡和产业结构现代化不足等问题

乡村产业振兴

通过坚持绿色发展理念,加快乡村自然资源的合理增值,打造生态宜居的乡村环境

乡村生态振兴

五个途径

乡村人才振兴

通过培养懂农业、爱农村、爱农民的人才队伍,应对农村人口老龄化和人才短缺的挑战

乡村组织振兴

乡村文化振兴

通过发挥基层党组织的领导核心作用,加强乡村治理体系,为乡村振兴提供组织保障

通过保护和弘扬优秀传统文化,推动社会主义核心价值观的深入人心,提升农村社会发展和居民的社会观念

图 3-3　乡村振兴的五个具体实施途径

（1）乡村产业振兴。产业振兴是乡村振兴的核心内容,为农村经济提供了物质基础和动力源泉。其关键目标是提升农业的经营效益,提高农民收入,改善农村生活

环境。实施产业帮扶政策,深化农业供给侧结构性改革,充分挖掘农业的多种功能和乡村的多元价值,推动第一、第二、第三产业的融合发展,实现乡村产业全链条升级。

（2）乡村人才振兴。人才振兴是乡村振兴的关键因素,农村地区普遍面临人口老龄化、人才短缺、人才流失等挑战,这些问题严重制约了农业和农村的发展。为了解决这些问题,需要培养懂农业、爱农村、爱农民的人才队伍。通过这样的人才战略,促进人才和资本等要素在农村的活跃运用,激发农村的创新活力。

（3）乡村文化振兴。文化振兴构成乡村振兴的坚实基石,并成为激发乡村发展内在活力的关键源泉。核心任务在于积极保护和弘扬优秀的传统文化,同时推动社会主义核心价值观在乡村层面的深入人心。致力于培养文明和谐的民风,丰富农村精神文化生活,增强乡村社会的凝聚力和向心力。

（4）乡村生态振兴。生态振兴是乡村振兴战略的内在要求,旨在打造既适应现代生活需求又保留乡土特色、自然环境优美生态宜居的乡村。这要求坚持绿色发展理念,通过加快乡村自然资源的合理增值,实现生态环境保护与经济发展的双赢。确保"绿水青山就是金山银山"的理念得到充分体现。

（5）乡村组织振兴。乡村组织振兴是乡村振兴的重要保障,必须坚定地发挥农村基层党组织的领导核心作用,不断强化其在农村治理中的中心地位。通过完善乡村治理体系,确保党的执政基础在农村地区得到深化和稳固,从而为乡村振兴提供持久和有效的组织保障。

ESG 与乡村振兴的结合是 ESG 在中国实践的典范,企业在推动乡村经济发展的同时履行了企业社会责任,并通过 ESG 信息披露展示企业在实现环境、社会、公司治理各个维度的努力以及在推动可持续发展方面做出的贡献。另外,ESG 的评价体系为乡村振兴提供了具体的政策制定和实施的衡量标准,为全球可持续发展贡献中国解决方案。值得关注的是,2022 年以来,包括阿里巴巴集团、联想集团等在内的中国领军企业纷纷发布了聚焦乡村振兴的报告。这些报告不仅体现了企业在社会责任方面的积极作为,也展现了它们在推动社会进步和环境保护方面的创新实践。在后续的案例分析部分,我们将深入探讨这些企业的乡村振兴实践,具体介绍它们如何通过ESG 战略实现社会价值和环境效益的双重提升。

（二）中国 ESG 实践之绿色供应链管理

1996 年,美国密歇根州立大学制造研究协会在"环境负责制造"（environmentally

responsible manufacturing,ERM）的研究中，首次提出了绿色供应链（green supply chain,GSC）的概念，即绿色供应链要将环境因素整合贯穿于供应链的产品设计、采购、制造、组装、包装、物流和分配的每个环节中。早期绿色供应链的含义仅包含环境保护和节约能源，其目的也仅是通过采用环保材料提升产品的市场竞争力。整个体系的关系也较为简单，主要是对供应商提出促进环境保护的某些准则、要求，或者罗列不符合环境保护要求的材料清单，将其排除在原料采购范围之外。

绿色供应链管理（green supply chain management,GSCM）是在传统供应管理理论的基础上，综合考虑环境因素、绿色理念，全面规划供应链中的各个环节，对资源流动过程进行计划、组织、协调与控制等各项活动的过程，以达到环境效益、经济效益和社会效益的平衡（见图 3-4、图 3-5）。基于此，可以认为绿色供应链管理是实现绿色供应链的有效途径之一。绿色供应链管理对企业有"协作"和"绿色"两方面要求[1]："协作"表现为企业与生产活动中涉及的各主体以及其他相关因素有机联系，交流合作、彼此促进，确保生产质量；"绿色"表现为在整个供应链的各环节中倡导绿色经营，确保获得长期竞争力。绿色供应链管理的核心就在于实现统筹协作与绿色经营的均衡。

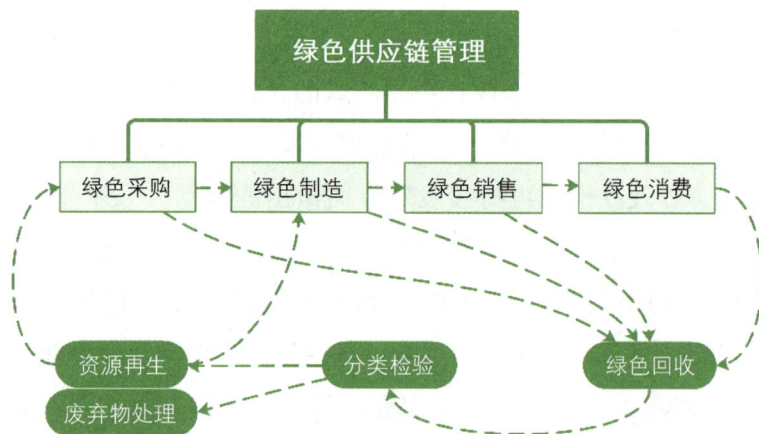

图 3-4　绿色供应链的构成

资料来源：MBA 智库百科. 绿色供应链[EB/OL].［2024-06-18］. https://wiki. mbalib. com/wiki/%E7%BB%BF%E8%89%B2%E4%BE%9B%E5%BA%94%E9%93%BE.

---

[1]　齐文浩. 依托绿色供应链管理实现企业可持续发展[N]. 光明日报，2021-08-17(11).

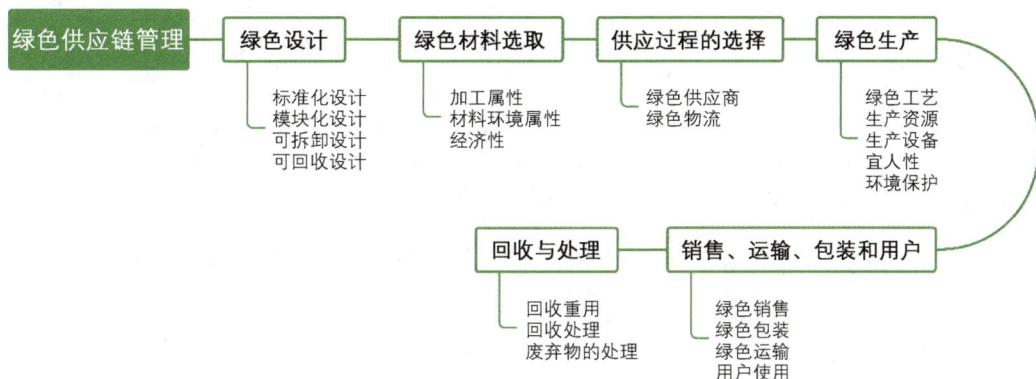

图 3-5 绿色供应链管理的全流程体系结构

资料来源：晏维龙，曹杰. 论绿色供应链管理[J]. 社会科学辑刊，2004（1）：51-57.

　　随着国际社会对可持续发展理念的推广和实践，以及全球经济一体化进程的推进，绿色供应链管理已成为现代企业 ESG 实践中的重要课题之一。2024 年以来，我国政府高度重视绿色供应链工作，发布一系列支持政策，引导企业实践绿色供应链管理，在电商、房地产、机械制造、电子等行业的头部企业开展绿色供应链管理示范，在天津、上海、深圳等城市相继开展绿色供应链管理试点工作。经过多年的探索实践，我国的绿色供应链管理逐步成熟，为全球绿色供应链的实践贡献了中国力量。

　　中国绿色供应链管理的实践之路可分为三个方面。

　　（1）国家各部门陆续制定出台一系列政策法规，以实现对绿色供应链管理的全面支持。这些政策和法规通过顶层设计，确保供应链各个环节都有明确的法律依据，为企业提供了清晰的指导和规范，如表 3-2 所示。

表 3-2 我国绿色供应链管理的相关政策

时 间	部 门	相 关 政 策
2014 年	商务部、环境保护部、工业和信息化部	《企业绿色采购指南（试行）》
2016 年	工业和信息化部	《工业绿色发展规划（2016—2020 年）》
2017 年	国务院办公厅	《国务院办公厅关于积极推进供应链创新与应用的指导意见》
	国标委	《绿色制造 制造企业绿色供应链管理 导则》

续　表

时　间	部　门	相　关　政　策
2019 年	工业和信息化部	《机械行业绿色供应链管理企业评价指标体系》 《汽车行业绿色供应链管理企业评价指标体系》 《电子电器行业绿色供应链管理企业评价指标体系》
	国家发展改革委等	《关于推动物流高质量发展促进形成强大国内市场的意见》
2021 年	工业和信息化部	《"十四五"工业绿色发展规划》
	国务院	《国务院关于加快建立健全绿色低碳循环发展经济体系的指导意见》
2022 年	商务部、工业和信息化部等	《全国供应链创新与应用示范创建工作规范》

（2）积极开展与教育、科研机构、行业协会以及国际组织的广泛合作，共同推动制定更为全面、科学的绿色供应链标准体系。例如，我国正积极参与国际标准化组织和全球报告倡议组织等国际机构的工作，推动绿色供应链的相关国际标准制定。2014 年，公众环境研究中心与美国自然资源保护协会合作开发了全球第一个基于品牌企业在华供应链环境管理的评价标准"绿色供应链（Corporate Information Transparency Index，CITI）指数"。

（3）充分发挥企业带头模范作用，鼓励企业探索多样化的实践。大型企业如华为、海尔等，通过实施绿色采购政策，推动其供应链合作伙伴采取环保措施。2006 年，华为率先发布《绿色采购宣言》，承诺优先采购具有良好环保性能或使用再生材料的产品。联想大力推动供应链全物质信息披露，截至 2016 年，手机和平板类产品全物质信息披露程度达 100%，笔记本类达 100%，台式机和服务器类达 92%。海尔公司于 2016 年创造性地提出了"4-Green 战略"，即通过绿色设计与采购、绿色制造、绿色经营和绿色回收实现企业与环境的和谐共赢，打造了全流程的绿色环保管理体系。2016 年 6 月，由阿拉善 SEE、中城联盟、全联房地产商会、万科企业股份有限公司、朗诗控股集团五家机构共同发起"中国房地产行业绿色供应链行动"。

2022 年和 2023 年，欧盟分别通过《企业可持续发展报告指令》（Corporate Sustainability Reporting Directive，CSRD）和《企业可持续性发展尽职调查指令》

（Corporate Sustainability Due Diligence Directive，CSDDD）。这两个指令要求对供应链上的企业加强管控和强制性信息披露，也预示全球 ESG 强监管时代的到来，极大程度上推动了全球更加透明、更加绿色的供应链建设及其管理体系的发展①。

　　我国工业和信息化部于 2016 年公布了《绿色供应链管理评价要求》，并于 2022 年、2023 年相继更新，明确提出绿色供应链管理企业须披露自身及上下游企业节能减排等绿色发展信息。2021 年，我国制定出台了绿色供应链管理系列国家标准；2024 年 3 月，上海市发布《上海市加快建立产品碳足迹管理体系 打造绿色低碳供应链的行动方案》。这些政策、国家标准的发布实施有力地激发了企业绿色发展的主动性，推动企业全面构建绿色供应链管理体系，共同打造绿色产业链，推进全面绿色化升级。

第二节　重新思考社会对企业的影响

　　随着经济全球化和区域经济一体化不断推进，全球供应链、产业链、价值链紧密相连，可持续发展的价值观也随之在全球范围内获得更广泛的认同和实践。企业的社会表现已成为衡量企业品牌价值、市场竞争力和可持续发展能力的关键因素，对企业长期目标的实现意义重大。这种趋势促使企业在全球范围内重新审视和优化其运营模式，推动绿色供应链管理，加强环境保护，提升企业的形象、品牌价值等，并不断完善公司治理结构，以在实现长期稳定发展的同时获得全球消费者和投资者的信任与支持。

一、企业的品牌价值

　　品牌价值，这一源自经济学的传统概念不仅仅是一个财务数字。诚然，它深刻地体现了品牌在特定时点的评估价值，是类似于有形资产的量化方法。品牌价值的核

---

① 王煦. 欧盟可持续发展指令对中国绿色供应链的挑战［EB/OL］.（2024-02-21）［2024-06-08］. https://www.thepaper.cn/newsDetail_forward_26403806.

心在于其货币化的财务价值,这使得品牌能够在市场中进行交易和评估。然而,从更广义的视角来看,品牌价值远远超越了数字本身,它代表品牌在消费者心目中的综合形象,涵盖品牌的属性、品质、文化等多维度因素,这些因素共同构成了品牌对消费者的吸引力和价值。

企业的品牌价值是其 ESG 实践成果的直接体现,ESG 实践也成为上市公司提升品牌价值的关键工具。品牌形象与消费者的购买决策紧密相连,影响着品牌的法律合规性、市场声誉和文化价值观的传播。企业通过积极履行社会责任,不仅建立起公众信任、实现品牌差异化,还提高了市场竞争力和长期投资价值。这些因素相互作用,增强了品牌的市场知名度和消费者的忠诚度,为企业在激烈的市场竞争中赢得了独特的地位和持续的增长潜力。企业品牌在不同时期面临着不同的主体和内容,现阶段呈现出多元化、多维度发展的趋势。特别是随着越来越多的中国企业走出国门,它们逐渐认识到 ESG 实践在提升品牌价值、实现可持续发展中的核心作用。ESG 实践不仅助力企业在高能耗行业中实现绿色转型、降本增效、促进资源的可持续利用,而且在消费品行业中,更有助于塑造企业的正面价值观、增强消费者的信任。这种价值观的传递和信任的建立给企业带来了深远的长期价值。

在国际市场上,中国企业通过 ESG 实践与品牌价值的有力融合,显著提升了自身的品牌形象,增强了国际竞争力。这种融合不仅展现了中国企业对全球可持续发展承诺的积极响应,也为它们在全球舞台上赢得了尊重和认可。随着 ESG 理念的不断深化和实践中的不断创新,中国企业的品牌价值将在国际市场中继续增长,为实现长远的可持续发展目标奠定坚实的基础。

二、企业可持续创新

企业可持续创新是指企业在发展、创新的过程中不仅追求经济效益,也兼顾环境保护和承担社会责任,确保企业的经营生产、创新活动对环境和社会产生积极影响,以实现长期的可持续发展。ESG 作为一种管理理念和企业评价标准体系,对企业的创新可持续发展具有重要的指导和推动作用。通过 ESG 的理念和评价框架,企业可以制定更科学的战略规划,并在实践中量化和跟踪整体创新发展的进程,确保创新发展符合可持续发展的目标。企业的可持续创新与 ESG 的三个维度都息息相关,但与社会维度的联系尤为紧密。可持续创新直接体现了企业对社会责任的承担、对社会和外界期望的响应，也是企业长期成功和可持续发展的内在要求。

企业可持续创新内涵广泛，涉及生产经营、企业管理、科技研发、文化建设等方面，结合现阶段 ESG 在中国发展的实际情况，企业通常通过以下三个途径实施可持续创新。

（1）产品与服务创新。企业致力于实现可持续创新，推出环境友好型产品和社会责任型服务。这包括设计节能产品、采用绿色包装、提供有机食品、开发清洁能源解决方案，以及提供改善社会福祉的服务，如教育和健康咨询。这些创新举措不仅减少了对环境的影响，也满足了消费者对健康和可持续性的需求，同时提升了企业在社会责任方面的积极形象。

（2）运营与管理创新。在企业的日常运营中，采取了一系列创新措施，以实现资源的高效利用和废物的最小化。这包括实施循环经济原则和精益生产技术，从而显著降低能源消耗和减少废物生成。此外，还引入了创新的管理模式，如建立可持续的供应链管理体系、促进员工参与和制定有效的激励机制，这些措施共同提升了企业在可持续性方面的表现。通过这些综合性的运营和管理创新，企业不仅优化了业务流程，也为构建一个更加绿色、环保的商业环境做出了积极贡献。

（3）商业模式创新。企业致力于通过创新的商业模式推进可持续性目标的实现。这包括探索和采纳共享经济模式、订阅服务以及以结果为导向的定价策略等新型商业实践。这些创新不仅开辟了新的收入渠道，而且通过优化资源配置和使用效率，有效降低了对环境的负面影响。通过商业模式的创新，企业能够更好地适应市场变化，同时为可持续发展的长远目标奠定坚实基础。

这三方面相互关联，共同构成了企业可持续创新的实施框架，帮助企业在追求经济效益的同时，关注社会和环境的长期影响。通过这些措施的实施，企业能够更好地适应市场变化、提高竞争力，并为社会的可持续发展做出贡献。

在推进可持续创新的征途中，企业正面临着前所未有的挑战。这些挑战考验着企业在战略规划、技术研发、市场适应、政策遵从、文化转型、知识产权保护等方面的能力。面对这些挑战，企业必须采取积极措施，加强研发管理，深化市场洞察，灵活适应政策变化，培养创新文化，并确保知识产权的有效保护。通过这些努力，企业不仅能够在可持续创新的道路上取得成功，而且能够为实现长期的可持续发展目标做出积极贡献。

企业在实施可持续创新中面临的挑战包括四个方面。

（1）技术与研发。企业需要承担高昂的研发成本，用于探索新技术、材料和工艺。技术的不确定性容易带来额外风险，研发过程中遇到的难题或失败可能导致前期投资损失。此外，企业还需要保护其创新成果，从起步阶段就树立知识产权保护意识，防止知识产权被侵犯，确保技术优势。

（2）市场与消费者。在市场与消费者层面，企业需要克服市场教育的难题，投入时间和资源提升消费者对可持续产品的认识。企业除了需要准确预测市场动向外，还需要改变消费者的购买习惯，这需要企业进行多方面的努力促使市场和消费者接受新产品，如提升企业形象、更加理解市场和消费者需求等。

（3）政策与法规。企业的发展与国家宏观政策和战略紧密相连。因此，企业必须密切关注国家政策动向，积极响应国家号召，推出与国家战略相符的创新项目和发展方向。在国家宏观战略的引领下，企业能够确保其发展路径与国家的整体规划和目标一致。在国际舞台上，企业还必须严格遵守各国家和地区的法律法规，并遵循国际标准，以此为基础，通过不断的创新实践，增强自身的国际竞争力和市场适应性。通过这种对政策的敏感性和对法规的遵守，企业不仅能够保障其业务的合规性，也能够在全球化的商业环境中稳健前行。

（4）企业管理与文化。可持续创新的回报周期可能较长，这对企业的财务规划和决策构成了一大挑战。另外，可持续创新的文化和理念也可能与企业现有的管理模式和企业文化不同，这都是可持续创新带给企业的课题。要通过各种途径让企业内部和企业的相关方理解创新，接受新事物、新技术和新的发展方向，特别是当可持续创新要求改变现有的业务模式和工作流程时，更需要内部的充分沟通和理解。

在 2023 年的 ESG 中国论坛（见图 3-6）上，《年度 ESG 卓越实践报告》正式发布，其中汇编了 30 个在 ESG 领域展现卓越实践的企业案例。这些案例横跨金融、信息科技、石油石化等多个关键行业，不仅彰显了企业在 ESG 实践中的创新精神和前瞻性战略思维，也凸显了它们在促进可持续创新方面的深入探索和积极行动。这些精选案例不仅为业界提供了实践的典范，也为其他企业提供了丰富的参考和启发。它们激励着更多的企业投身于 ESG 领域的创新与实践，共同为推动社会向更加可持续的未来发展而努力。通过这些企业的示范效应，我们看到了 ESG 实践在企业社会责任、环境管理和治理结构优化方面的巨大潜力，以及在实现长期可持续发展目标中的关键作用。

图 3-6 ESG 中国论坛

资料来源：企业观察报. 央视重磅发布《年度 ESG 卓越实践报告》[EB/OL]. (2023-10-30) [2024-05-22]. https://www.cneo.com.cn/article-56847-1.html.

第四章

公司治理（Governance）

第一节　公司治理（G）的概念和代表性议题

本章我们将继续深入挖掘 ESG 三大支柱中的最后一个维度——公司治理。公司治理不仅关乎企业的内部运作和决策过程，更是确保企业能够负责任地对待所有利益相关者的关键。我们将细致地解析公司治理的定义、包含的核心要素及它对企业长期成功和社会责任所具有的深远影响。

本章还将结合当前国际和国内的最新趋势和发展，探讨公司治理面临的代表性议题，如透明度提升、董事会多样性、股东权利等，这些都是当前企业治理中不可或缺的重要组成部分。通过对这些议题的分析，我们将揭示它们在现实世界中的重要性和实际影响，以及如何通过有效的公司治理实践来应对这些挑战。

通过本章的学习，我们期望读者能够获得对公司治理在促进企业可持续发展、履行社会责任以及提升企业整体价值方面所扮演角色的全面理解。我们相信，对公司治理的深入洞察将帮助企业和个人在复杂多变的商业环境中做出更加明智和负责任的决策。

一、公司治理原则

在 ESG 的理论体系中，公司治理是指一套制度、流程和规则，它们共同作用于公司的管理方式，确保公司的利益相关者（特别是股东）的利益得到妥善保护和公平对待。作为 ESG 框架中的关键维度，公司治理的核心是透明度、问责制、公平性、独立性以及保护股东权利等，涉及公司内部的组织结构，如董事会的构成、监事会的作用以及高级管理层的责任，并通过公司组织机构、企业合规性、风险管理、薪酬政策、股东大会等方式实践。良好的公司治理有助于企业有效管理风险、增强投资者信任、吸引投资，并在国际舞台上提升竞争力。随着全球投资者对公司治理的日益关注，公司治理不仅关乎企业的可持续发展，也是响应环境保护和社会责任、实现长期价值创造的重要机制。在不同文化和法律背景下，公司治理的实践呈现出多样性和当地的文化性①,但其重要性在全球范围内得到了广泛认可。

ESG 中公司治理的主要议题包括股权结构、会计政策、薪酬体系、道德行为准则、反不公平竞争、风险管理、信息披露、董事会独立性等。这些议题共同构成了公司治理的框架,宗旨是提升公司的透明度、问责制和效率,从而增强投资者和其他利益相关方的信心。ESG 中公司治理维度的代表性议题如表 4-1 所示。

表 4-1   ESG 中公司治理维度代表性议题

代表性议题	议题涉及内容
董事会独立性	确保董事会成员中有足够的独立董事,以提供客观的监督和建议,保护所有股东的利益
高管薪酬	高管薪酬结构应与公司的 ESG 绩效挂钩,确保激励机制能够推动公司长期可持续发展
股权结构	关注公司的股权分布,是否存在大股东,以及股权结构是否可能导致对小股东利益的损害
透明度和信息披露	公司应提供充分、透明的信息披露,包括财务报告、业务运营、风险管理,以及 ESG 的相关数据和政策
股东权利	保障股东能够行使自己的权利,包括投票权、知情权和参与公司治理的权利
利益相关方参与	认识到除了股东之外,公司的利益相关方还包括员工、客户、供应商、社区等,其权益也应得到妥善考虑和保护
风险管理	建立健全的风险管理体系,包括对市场风险、信用风险、操作风险以及 ESG 相关风险的管理
合规性	确保公司遵守所有适用的法律法规,包括反腐败、反洗钱、数据保护等方面的法律
多样性和包容性	推动董事会和管理层的多样性,包括性别、种族、文化、专业背景的多样性,以促进不同观点的交流和平衡决策
长期战略	制定和实施长期战略规划,确保公司的发展方向与全球可持续发展目标一致

公司治理在 ESG 中扮演着至关重要的角色,它是推动企业可持续发展的核心动力。良好的公司治理不仅确保企业在经营活动中遵循高标准的道德和法律规范,而

---

① 王欣.公司治理的多元演变与深化路径:"十三五"回顾与"十四五"展望[J].财贸研究,2021,32(2):102–110.

且为企业在环境保护和社会责任履行方面提供坚实的保障。通过确立透明、负责任的治理结构，企业能够建立起公众信任，促进利益相关方的积极参与，并实现经济、环境和社会价值长远的和谐统一。

良好的公司治理对企业的重要意义主要包括六个方面。

（1）风险管理。良好的公司治理有助于企业有效地识别和管理风险，从而保护投资者的利益。

（2）增强信任。透明的治理结构和流程能够增强投资者和其他利益相关者的信任。

（3）吸引投资。健全的公司治理能够吸引更多的直接投资和提高企业在资本市场的吸引力。

（4）可持续发展。公司治理是实现企业可持续发展的关键，它确保了企业的长期稳定和对社会负责的行为。

（5）应对挑战。在全球化和市场动荡的背景下，良好的公司治理是企业应对外部挑战、保持竞争力的重要工具。

（6）社会责任。公司治理还涉及企业的社会责任，包括对环境的影响、社会责任的履行以及道德标准的遵守。

二、治理结构与股东权利

公司治理结构的概念可分为狭义和广义两个方面。狭义的公司治理结构主要是股东对经营者的监督与制衡机制，目的是保证股东利益的最大化。广义的公司治理结构则涉及广泛的利益相关者，包括股东、债权人、供应商、雇员、政府、社区等，旨在通过一系列治理机制协调公司与所有利益相关者之间的利益关系，确保公司决策的科学性，从而维护公司各方面的利益。我国在国企中建立的党组织、职代会等，也属于治理结构的范畴[1]。

常见的公司治理结构内容主要包括九个方面。

（1）股权结构。即公司股份的持有和分配情况，决定了股东之间的权力关系和影响力。

---

[1] 国务院办公厅关于进一步完善国有企业法人治理结构的指导意见[A]. 国办发〔2017〕36 号.

（2）董事会。即公司最高决策机构,负责制定公司战略、监督经营管理、保障股东利益等。

（3）监事(会)。即负责监督董事会和公司的经营活动,确保公司行为符合法律法规和内部规章制度。

（4）经营班子。即公司的高级管理团队,负责公司的日常经营管理和执行董事会决策。

（5）资本结构。即公司的权益和债务的比例关系,它影响着公司的风险承担能力和财务稳定性。

（6）治理机构的设置。即公司内部设立的专门委员会、职能部门等,这些机构在特定领域提供专业意见和支持。

（7）用人机制。包括公司关键职位的选聘、培训、评估等,如董事长、独立董事、首席执行官(chief executive officer,CEO)等职位的人选确定,这直接影响公司的战略方向和管理质量。

（8）监督机制。通过各种渠道和方式对公司运作进行监控,包括内部审计、财务报告的审查、合规性检查等,以确保公司行为合法合规。

（9）激励机制。通过薪酬、奖励、股权激励等手段激励公司管理层和员工积极投入工作,提高公司业绩。

科学有效的治理结构为企业有效运行治理机制奠定了坚实的基础,它不仅极大地提升了公司内部运作的科学性、合理性和效率性,还为公司的长期稳定和可持续发展提供了有力保障。通过确保决策过程的透明度和问责制,合理的治理结构能够优化资源配置、激发创新活力,并在不断变化的市场环境中引领企业稳健前行。

在 ESG 理念的指引下,公司治理结构不再仅仅关注股东利益最大化,而开始更加注重企业与社会、环境的和谐共生,以及利益相关者的共同参与。特别是将环境保护纳入企业发展战略,包括制定并执行严格的环保政策,减少生产过程中的污染排放,提高资源利用效率,推动绿色技术创新,以及积极参与环保公益活动,提高信息披露的透明度,提高信息的准确性和可靠性,确保信息披露的合规性和有效性。

ESG 理念下的公司治理结构可以概括为四个代表方面。

1. 环境保护与企业发展战略的深度融合

企业已将环境保护定位为其整体发展战略的重要组成部分。这种融合首先体现在企业对环保政策的制定与执行上,这些政策严格遵循国家和国际环保标准,确保企业的经营活动在减少污染排放和提高资源利用效率方面取得实效,同时推动循环经济的持续进步。在这一过程中,绿色技术的创新发挥着至关重要的作用。企业通过研发和应用环保技术,不仅有效降低了生产成本,提升了经济效益,还在行业内引领了绿色转型的潮流。此外,企业通过积极参与环保公益活动,不仅提升了自身的社会形象,也增强了员工和公众的环保意识,促进了全社会对环境保护的广泛关注和参与,共同营造了积极的环保文化氛围。

通过这种深度融合,企业不仅展现了其对可持续发展承诺的实践,也为构建环境友好型社会贡献了自己的力量,实现了经济效益与环境责任的双赢。

2. 利益相关者的共同参与与决策

强调利益相关者的共同参与和决策是企业实现全面和可持续发展的关键途径之一。这意味着在制定战略、政策以及进行重大决策时,企业必须广泛倾听并认真考虑员工、客户、供应商、社区等各方利益相关者的需求和期望。通过加强与利益相关者的沟通和合作,企业能够更精准地捕捉市场需求和社会趋势,从而制定更加合理、有效的战略和政策。这种参与性的决策过程不仅能够提升决策的质量和适应性,还能够增强各方对企业决策的认同感和信任度。企业通过建立有效的机制确保利益相关者的意见和建议得到充分的表达和采纳,这些机制包括但不限于开放的沟通渠道、定期的协商会议、反馈系统的建立和优化,以及决策过程中的透明度和包容性。通过这些机制,企业可以更好地整合各方的智慧和资源,促进共同价值的创造。

企业通过强调利益相关者的共同参与和决策,不仅能够提升自身的社会责任感,还能够在激烈的市场竞争中获得更广泛的支持和合作,实现长期的稳定发展。

3. 信息披露透明度的提升

信息披露透明度是 ESG 理念指导下公司治理结构优化的显著标志。企业通过定期、准确、全面地公开其 ESG 信息、治理结构、运营状况等关键信息,不仅增强了与利益相关者之间的信任,也提升了市场的透明度,有效降低了信息不对称带来的风险。为达成这一目标,企业需要构建和完善信息披露体系,明确规定披露的内容、标准和流程,加强内部控制和审计机制,确保所披露信息的真实性和可靠性。企业应积极采纳数字化技术,提高信息披露的效率和精准度,为利益相关者提供更便捷、更高效的信息获取途径。

通过这种方式,企业不仅展现了其对透明度的承诺,也为所有利益相关者提供了一个清晰、开放的窗口,使其能够深入了解企业的运营和治理实践。这种高标准的信息披露实践有助于建立企业的正面形象,吸引投资者信心,促进企业的长期可持续发展。

4. 治理机制的完善与创新

在 ESG 理念的引领下,公司治理机制的完善与创新尤为重要,以适应不断演变的治理要求和市场环境。这包括:强化董事会和监事会的独立性和专业性,从而提升其在决策和监督方面的能力;构建和完善内部控制与风险管理制度,以预防和减轻企业运营中可能面临的风险;加强对股东权益的保护,并鼓励股东积极参与公司治理。这些都是实现公司长期稳定发展的重要组成部分。企业应积极探索和实践新的治理模式和机制,以提高治理效率和透明度。为了实现这些目标,企业还需要加强和国际组织的合作与交流,学习借鉴国际最佳实践,同时在行业内推动合作与共赢的模式。通过这些努力,企业不仅能够促进自身的绿色转型,还能为整个行业的可持续发展做出积极贡献。ESG 理念指导下的公司治理机制的持续创新和完善,有助于企业在复杂多变的市场环境中保持竞争力,确保其对环境和社会的正面影响,实现企业的长期价值和社会责任。

三、环境、社会与公司治理的关系

企业是实现可持续发展目标的重要主体①。通过积极应对环境和社会挑战,企业不仅能够降低自身的长期运营风险,还能提升品牌形象和企业价值,进而实现长期的经济回报。ESG 体系,即环境(E)、社会(S)和公司治理(G),构成了企业可持续发展的核心框架,这三者相互依存、相辅相成,共同指引企业在追求经济效益的同时,兼顾社会责任和环境保护,以实现全面和均衡的长期发展。

公司治理是这一框架的核心和基础②,为企业的环境和社会责任实践提供了规范和指导。良好的公司治理能够确保企业决策透明、负责任,为可持续发展提供坚实的基础。社会维度关注企业与员工、社区以及更广泛社会群体的互动,确保企业活动能够对社会产生积极的影响。环境维度则体现了企业对自然界的关怀,强调企业在全球生态环境保护中扮演的角色和承担的责任。只有当公司治理得到有效实施和维护时,企业才能有效地承担社会责任和投身环境保护工作。否则,缺乏良好治理的企

---

① 唐玮婕. 人人都谈论的 ESG,企业实现社会责任目标的必答题?［EB/OL］.（2022-02-14）［2024-06-26］. https://www.thepaper.cn/newsDetail_forward_16658214.

② 高明华. ESG 的喜和忧与本源回归［EB/OL］.（2024-05-10）［2024-06-26］. https://bs.bnu.edu.cn/xz/e660ee2b7a7b4625a5c87dcb0fb436e8.html.

业难以确保其环境和社会行动的持续性和有效性。因此,公司治理不仅是 ESG 体系的基础,也是实现企业可持续发展目标的关键。通过强化公司治理,企业能够在环境、社会和治理三个维度上实现协调发展,共同推进可持续发展愿景的实现①。

　　社会维度是企业从内部向外部拓展的桥梁,在坚实的治理基础之上,企业进一步关注其运营对社会的影响,包括员工福利、消费者权益、社区参与、产品责任等。企业需要在社会责任方面展现领导力,积极构建社会关系,展现其对社会的积极正面影响,体现企业对社会责任的坚定承诺。

　　环境维度则是企业对外部世界的拓展,其目标是保护自然资源和生态系统,通过减少污染、温室气体排放和资源浪费,应对气候变化,促进绿色经济的发展。环境目标体现了企业对地球未来和人类福祉的深远考虑,是实现全球可持续发展的关键。企业设定和实现这些环境目标,不仅有助于自身的可持续发展,也响应了全球对生态平衡和长期生存环境的共同关注,成为企业参与国际合作的重要途径之一②。

> 　　根据《二十国集团/经合组织公司治理原则》(G20/OECD Principles of Corporate Governance),公司治理原则明确指出,企业在运营中必须深刻认识到其对环境的影响,并积极采取措施以减轻负面效应。企业也应承担社会责任,确保其业务行为对社会产生积极的影响。企业通过其治理结构,确保企业对环境和社会责任的承诺得到有效实施。

第二节　信息披露

一、企业信息披露

　　企业信息披露是指企业向投资者、监管机构、消费者、媒体以及其他利益相关者

---

① 陈文辉. 建立 ESG 中国标准［EB/OL］.（2022-07-11）［2024-05-20］. http://www.cbimc.cn/content/2022-07/11/content_464371.html.
② 李辛.ESG 理念发展现状及发展建议［EB/OL］.（2023-10-19）［2024-05-06］. https://www.iii.tsinghua.edu.cn/info/1131/3609.htm.

公开其经营活动、财务状况、治理结构、业绩表现等相关信息的过程。信息披露是现代企业运营的重要组成部分,是企业对内对外的诚信根基[①],对促进企业健康发展、维护市场秩序和保护投资者权益具有重要作用。良好的信息披露不仅有助于企业建立正面的品牌形象,还能够吸引更多的投资、降低融资成本,并提高企业的市场竞争力。随着社会对企业透明度和企业责任的要求日益增加,企业信息披露的重要性也在不断提升。

ESG 信息披露作为企业非财务信息披露的重要组成部分,其披露性质可能因不同国家和地区的法规要求而异。在某些司法管辖区,ESG 信息披露是强制性的,意味着企业必须遵守特定的法规和标准,向公众和利益相关者提供关于其环境、社会和公司治理表现的定期报告。这种强制性披露有助于确保透明度,增强投资者和其他利益相关者对企业的信任。但是在某些区域,ESG 信息披露可能是自愿性的,企业可以根据自己的判断和资源情况选择是否进行披露。自愿披露可以展示企业的领导力和对可持续发展的承诺,同时也可能提高其品牌形象和市场竞争力。无论强制还是自愿,ESG 信息披露都是企业展示其对社会责任和长期价值创造的重视,以及其在环境保护和社会责任方面取得的进展的重要方式。随着全球对可持续发展的关注不断增加,ESG 信息披露正逐渐成为企业与利益相关者沟通的关键组成部分。

企业信息披露可以根据不同的标准进行分类,如表 4-2 所示。

表 4-2   企业信息披露的分类

强制性披露与自愿性披露	
强制性披露	根据法律法规要求企业必须披露的信息,如财务报表、公司治理结构、重大事件等
自愿性披露	企业基于自身意愿提供的额外信息,如可持续发展报告、社会责任活动、企业价值观等
定期披露与临时披露	
定期披露	按照固定时间周期(如季度、半年、年度)发布的信息,包括定期财务报告和公司治理报告
临时披露	针对突发事件或重大变动,企业需要及时发布的信息,如重大合同、并购重组、法律诉讼等

---

① 邱德坤.高质量发展离不开高水平信息披露[N].上海证券报,2021-08-25(5).

续　表

定量信息与定性信息披露	
定量信息披露	可以用数字表示的信息,如财务数据、市场份额、员工数量等
定性信息披露	描述性的、难以用数字量化的信息,如企业战略、管理团队、品牌价值等
内部信息与外部信息披露	
内部信息披露	企业内部运营和管理的信息,如内部控制报告、员工培训和发展等
外部信息披露	企业与外部环境互动的信息,如市场动态、客户反馈、供应商关系等
财务信息与非财务信息披露	
财务信息披露	企业财务状况和经营成果的信息,如利润表、资产负债表等
非财务信息披露	企业环境、社会和治理(ESG)方面的信息,如环境保护措施、社会责任实践、公司治理结构等
操作性信息与战略性信息披露	
操作性信息披露	企业日常运营的信息,如生产数据、销售记录、成本控制等
战略性信息披露	企业长期发展规划和战略方向的信息,如未来愿景、战略目标、市场扩展计划等
定量指标与评价性指标披露	
定量指标披露	可以量化的指标,如营业收入、净利润、资产负债率等
评价性指标披露	基于评价和判断的指标,如企业声誉、品牌影响力、客户满意度等
强制性规范性文件与自愿性沟通性文件	
强制性规范性文件	如年报、季报、招股说明书等,这些文件需要遵循特定的格式和内容要求
自愿性沟通性文件	如可持续发展报告、企业社会责任报告等,这些文件更多地反映了企业的价值观和社会责任

　　企业信息披露的目的是多维度的,旨在构建一个透明、负责任和可持续的商业环境。通过提供全面的财务和非财务数据,可以确保企业运营的透明度,使投资者和市场参与者能够准确评估企业的经济状况、环境影响、社会责任和治理结构。信息披露强化了企业的问责性,促使企业对其决策和行为负责,同时响应监管要求和遵守法律法规。信息披露也促进了企业与利益相关者之间的信任和沟通,包括消费者、员工、供应商和社区,这有助于企业建立正面的品牌形象并增强市场竞争力,支持企业的长

期可持续发展,通过识别和管理风险,把握新兴机会,促进企业的创新和成长。

企业信息披露不仅是遵守市场规则的基本要求,也是企业展示其社会贡献、环境管理和治理质量的重要途径。通过这一过程,企业能够在全球化的经济体系中获得更广泛的认可,为实现经济、环境和社会的综合效益做出积极贡献。

企业信息披露的目的包括以下六个方面。

(1)增强透明度。向外界展示企业的运营和财务情况,提高企业的透明度。

(2)建立信任。通过公开透明的方式建立和维护与投资者和公众的信任关系。

(3)满足法规要求。遵守证券交易法规、会计准则和信息披露规则等法律要求。

(4)吸引投资。向潜在投资者展示企业价值和潜力,吸引更多的投资。

(5)风险管理。及时披露风险信息,帮助投资者做出明智的投资决策。

(6)提升品牌形象。通过负责任的信息披露提升企业品牌形象和市场地位。

信息披露通常按照一定的指标体系,包括一系列量化和定性的指标,评估企业的运营和表现。通过指标体系,可以帮助投资者、监管机构和其他利益相关者全面了解企业的运营状况和长期发展潜力。随着 ESG 理念的普及,越来越多的企业开始重视并披露这些非财务指标,以展现其可持续发展的承诺和实践。这些指标覆盖企业的财务状况、公司治理、环境影响、社会贡献等多个方面。

企业信息披露的重要指标主要包括以下五个方面。

(1)财务指标。营业收入、净利润、资产回报率、现金流量等。

(2)治理指标。董事会独立性、高管薪酬、股东权利等。

(3)环境指标。碳足迹、能源效率、水资源管理、废物回收率等。

(4)社会指标。员工满意度、劳工纠纷、社区投资、产品安全等。

(5)风险指标。债务水平、法律诉讼、市场变化对企业的影响等。

二、ESG 信息披露及重要性

ESG 信息披露是企业非财务信息披露的一种,指企业公开其在环境、社会和公司治理方面的绩效和政策的过程。ESG 信息披露的核心目的在于提升企业的透明度和问责性,构建与利益相关方的信任关系,并满足监管要求[①]。通过公开企业在环境、

---

① 施懿宸,包婕. 央企控股上市公司治理信息披露探索[EB/OL].(2023-10-25)[2024-05-06]. https://iigf.cufe.edu.cn/info/1012/7805.htm.

社会和公司治理方面的表现和政策,ESG 信息披露使投资者和其他利益相关者能够更全面地了解企业的综合绩效和长期价值。这不仅有助于投资者做出更明智的投资决策,也促进了企业的可持续发展实践,引导资本流向更负责任和更具前瞻性的企业,是企业展示其对社会、环境责任和公司良好治理结构承诺的重要途径,对于推动整个商业生态系统的透明度和可持续发展具有重要意义。ESG 信息披露可以通过多种方式进行,包括但不限于年度报告、可持续发展报告、企业社会责任报告、在线可持续性数据平台等。

企业 ESG 信息披露的主要内容如表 4-3 所示。

表 4-3　企业 ESG 信息披露的主要内容

环　　境	社　　会	公　司　治　理
企业的能源使用和效率	劳工标准和员工福利	董事会结构和独立性
温室气体排放和应对气候变化的措施	工作场所的健康与安全	高管薪酬和绩效评估
废物管理和资源回收政策	多样性和包容性政策	股东权利和重大决策过程
生物多样性和生态系统保护	社区参与和社会发展项目	内部控制和风险管理
产品和服务的环境影响	供应链管理中的社会责任	反腐败和商业道德政策

ESG 信息披露对企业具有深远的重要意义,它不仅增强了企业运营的透明度,还促进了企业与投资者、消费者、员工以及监管机构之间的信任与沟通。这种透明度有助于企业建立起负责任的品牌形象,吸引并保持利益相关方的支持。随着全球对可持续发展的重视,ESG 信息披露使企业能够展示其对社会和环境责任的承诺,响应国际环保标准和人权规范。ESG 信息披露还能帮助企业识别和管理与环境、社会及公司治理相关的风险,通过主动披露这些信息,企业可以减少潜在的法律和声誉风险,提高市场竞争力,吸引资本市场。ESG 信息披露还为企业提供了展示其创新和领导力的平台,通过在 ESG 领域的积极表现,企业可以引领行业标准,推动整个供应链和行业的可持续发展。

国际社会以及各大交易所和监督机构关于企业 ESG 信息披露的政策和法规不断发展和日趋完善,如表 4-4 所示。

表 4-4   关于企业 ESG 信息披露的政策和法规

组织或机构	相 关 政 策 法 规
全球报告倡议组织（GRI）	提供了一套被广泛认可的可持续发展报告标准,帮助企业披露其 ESG 表现
可持续发展会计准则委员会(SASB)	为特定行业制定了一系列针对美国的可持续发展会计准则,以促进企业披露与财务相关的 ESG 信息
国际可持续发展准则理事会(ISSB)	发布了首套全球 ESG 报告标准,包括《国际财务报告可持续披露准则第 1 号——可持续相关财务信息披露一般要求》(IFRS S1)和《国际财务报告可持续披露准则第 2 号——气候相关披露》(IFRS S2)
欧盟(EU)	推出了《欧洲可持续发展报告标准》(European Sustainability Reporting Standards),吸纳全球报告倡议组织标准,坚持双重重要性原则
美国证券交易委员会(SEC)	要求上市公司披露 ESG 相关信息,参照气候相关财务信息披露工作组(TCFD)框架和《温室气体规程》
中国的证券交易所	· 香港交易所(HKEX)已经实施了 ESG 信息披露的强制要求,并建立了严格的监管体系,对上市公司 ESG 信息披露的真实性、准确性和完整性进行审核 · 2024 年 4 月 12 日,上海证券交易所、深圳证券交易所和北京证券交易所发布上市公司可持续发展报告指引,促进本土化 ESG 体系发展

　　从这些政策和法规中我们可以发现,在兼顾不同国家和地区的具体情况和需求的同时,国际社会正在逐步推动企业 ESG 信息披露的统一评价标准,这将极大地提高全球 ESG 信息披露的透明度、问责制和效率,推动全球经济、社会和环境的可持续发展。

　　中国一直致力于构建一个既与国际接轨又具有中国特色的 ESG 体系,这包括制定既符合国际标准又适应中国国情的 ESG 评价体系,以客观全面地评价中国企业的发展价值。监管机构从宏观管理层面不断健全 ESG 体系,提升上市公司 ESG 信息披露质量,加强信息披露监管指导。中国 ESG 相关方也积极参与国际论坛,加强与主流媒体的合作,开展国内外企业 ESG 建设的成果展示,提升中国在全球 ESG 领域的影响力、竞争力,传递中国声音。

三、ESG 信息披露中常见的问题及原因

　　中国企业在 ESG 信息披露领域已经取得了长足的进展,但在此过程中仍面临着

一些挑战。这些问题覆盖了多个层面,包括但不限于监管政策的完善性、企业内部管理的成熟度、信息披露内容的全面性和准确性、评级标准的统一性、技术方法的先进性,以及市场对 ESG 价值认知的深度和广度。为了进一步提升 ESG 信息披露的质量和效果,需要从这些方面着手,不断优化政策环境,加强企业内部治理,丰富信息披露内容,统一评级标准,创新技术方法,并提高市场对 ESG 重要性的认识。通过这些综合措施,可以推动中国企业在 ESG 信息披露上迈出更加坚实的步伐,为实现可持续发展目标做出更大贡献。

现阶段我国企业 ESG 信息披露可概括归纳出以下三个特点。

(1)企业 ESG 信息披露意识稳步提升,ESG 信息披露率提升。随着国家政策的支持和社会对可持续发展的重视,越来越多的企业开始认识到 ESG 信息披露的重要性,并逐步建立起相应的报告机制。《中国上市公司 ESG 行动报告(2022—2023)》的数据表明①,上市公司发布独立 ESG、社会责任报告的数量整体呈现上升趋势。截至 2023 年 6 月底,全部 A 股上市公司中,有 1 738 家独立披露了 ESG、社会责任报告,披露企业数量同比上涨 22.14%,其中,央企 ESG 信息披露率达 73.5%,地方国有企业信息披露率为 50.32%。不同行业 ESG 信息披露的深度和广度也存在差异,金融业上市公司的 ESG/社会责任报告披露率已超过 90%,而其他行业如交通运输、能源行业的披露率在 50% 左右。

(2)多元化与创新性并重的 ESG 报告内容。中国企业的 ESG 信息报告正逐渐展现出内容的多样性和深度。这些报告不仅全面覆盖了环境、社会和公司治理的核心维度,还融入了具有中国特色的元素,反映了国内企业在社会责任和可持续发展方面的独到见解和实践。同时,企业正积极采纳数字化技术,如大数据分析、区块链等,创新信息披露的手段,这不仅提升了数据的准确性,也提高了报告的透明度和发布效率,从而更好地满足利益相关方的需求和期望。

(3)国家政策与标准的协同进步。得益于国家政策的有力支持和监管机构的明确指导,企业在 ESG 信息披露方面的质量和透明度不断提升。在此框架下,企业正积极响应,通过不断优化报告流程和内容,力求与国际 ESG 报告标准接轨。这一过程不仅加强了企业对全球可持续发展议题的参与度,也提升了企业在国际舞台上的竞争

---

① 中央财经大学绿色金融国际研究院. 中国上市公司 ESG 行动报告(2022—2023)[R/OL]. 2023. https://iigf.cufe.edu.cn/info/1014/7437.htm.

力和信誉。通过这种并行发展，企业的信息披露实践正变得更加全面、深入，为推动全球 ESG 议程贡献中国智慧和中国方案。

尽管我国在 ESG 信息披露方面已经取得了显著进展，但仍存在一些主要问题，这些问题可以从以下五个方面进行概述。

（1）披露质量不一。尽管披露率提升，但报告质量参差不齐，缺乏量化的指标体系，信息准确性不足。

（2）重视程度不足。许多民营企业对可持续发展的重视程度不够，对信息披露的积极性不足。

（3）缺乏统一标准。缺乏全面统一的国家级 ESG 信息披露标准，导致披露结果缺乏可比性。

（4）信息披露差异性。由于统一的标准和强制性要求还在初期阶段，企业对披露内容有所选择，使得披露结果缺乏规范性。

（5）人才专业性不足。ESG 信息披露快速发展，但相关人才数量不足，人才能力提升需要一定时间。

基于现阶段我国企业 ESG 信息披露实践中存在的问题，为了帮助企业更好地适应 ESG 信息披露的要求、提升企业的可持续发展能力，并在资本市场中建立良好的形象，可以从以下四个方面完善我国 ESG 信息披露的探索与实践。

（1）构建全面的 ESG 管理体系。为实现全面的 ESG 管理，企业需要建立一个综合性的治理架构，这一架构需要覆盖企业的决策、监督和执行各个层面。权责分配应明确，确保每个层级都能理解并承担起推动 ESG 目标的责任。此外，企业应将 ESG 要素有机融入公司治理结构和日常运营流程，以确保 ESG 战略与企业核心业务的一致性和协同效应。企业也需要建立内外部利益相关方参与机制，通过这一机制，企业可以与投资者、员工、客户、供应商、社区等各方积极沟通。这种沟通有助于企业及时识别并响应利益相关方的关注点，从而更好地满足他们的期望和需求。

（2）遵循双重重要性原则。遵循双重重要性原则是企业在 ESG 信息披露中的关键行动准则。这一原则要求，企业在披露过程中，不仅要深入分析 ESG 议题对企业财务状况和业绩的直接影响，还需要评估其经营活动对环境和社会的潜在长远影响。企业应依据信息披露指引，对现有的 ESG 信息披露实践进行全面评估，识别与最佳实践之间的差距。在此基础上，企业需要制定明确的目标和计划，合理配置资源，以确保披露内容的质量和透明度，满足利益相关方的期望。企业还应通过持续的改进和创新,提高 ESG 信息披露的质量,确保披露计划的有效实施。这包括采用数字化工具和方法,提高数据收集、分析和报告的效率,并且加强与投资者和公众的沟通,确保信息的可访问性和易懂性。

(3) 提升 ESG 信息披露质量。提升 ESG 信息披露质量是企业赢得投资者信任、增强市场竞争力的关键。为此,企业应当致力于增加定量信息的披露,以提供更为精确和可靠的数据。这种透明度的提升不仅有助于投资者做出更为明智的决策,也加强了企业对社会责任的承诺。企业应建立严格的内部控制系统,确保所披露的数据在质量、及时性、自动化和相关性方面达到高标准。通过这些控制措施,企业能够确保其 ESG 数据的准确性,从而为企业的决策和运营提供坚实的数据支持。企业也需要积极采用信息化和数字化手段,这不仅能够确保数据的可靠性和可比性,还能够提高信息收集、核算和分析的效率。利用大数据、人工智能、区块链等技术,企业可以更有效地管理和分析 ESG 数据,从而在复杂多变的市场环境中保持竞争优势。

(4) 培养和储备专业人才。建立跨部门协作团队,积极培养和储备 ESG 领域的专业人才,致力于构建一个跨部门的协作团队,通过系统的培养计划和人才发展策略,积极培育和储备 ESG 领域的专业人才。这些人才将成为推动 ESG 信息披露和管理体系建立与执行的核心力量,帮助企业深入理解和应对与 ESG 相关的复杂问题,提升企业 ESG 信息披露和管理体系的建立与执行。

第五章

ESG 报告编制与评级

第一节　ESG 报告编制

ESG 报告是企业展现其对环境责任、社会责任和良好公司治理的承诺的重要工具,对促进企业的可持续发展、吸引资本市场的关注都具有至关重要的作用。它提高了企业运营的透明度,帮助外部利益相关者了解企业在可持续发展方面的成就与挑战。ESG 评级为投资者提供了量化评估,促进了更明智的投资决策,同时增强了企业的市场竞争力和品牌价值。ESG 报告有助于企业识别和管理风险,确保合规遵循,并激励持续改进和创新。通过与利益相关者的沟通,企业能够建立起信任,适应市场趋势,从而在长远中实现稳健的增长和发展。

本章将讨论 ESG 报告编制与评级的主要内容,介绍 ESG 报告的基本框架和编制流程,包括如何设定目标、收集数据、进行分析评估、撰写报告以及发布,并结合实际案例分析展示不同企业在 ESG 报告编制中的成功实践和挑战。我们也将介绍主要的 ESG 披露标准以及 ESG 评价方法,包括评级机构如何评估企业的 ESG 绩效。通过本章的学习,我们能够全面理解 ESG 报告编制的过程、标准和影响,以及如何有效地利用 ESG 评级来提升企业的可持续竞争力。

一、ESG 报告框架与指南

ESG 报告框架是一种结构化的指导方案,用于指导企业编制和组织 ESG 报告的体系结构,旨在帮助企业系统地收集、组织和报告其在环境、社会和公司治理方面的表现和影响。这种框架通常基于一系列国际认可的标准,便于企业全面梳理在 ESG 各维度的实践与成果,并按照统一的规范和标准呈现这些信息,以确保报告的透明度、可比性和一致性。

常见的 ESG 报告框架包括以下七个方面的特点。

(1)明确主题划分。将 ESG 相关内容划分为环境、社会、公司治理等主要领域,并进一步细分具体议题,如气候变化、员工权益、董事会结构等。

(2)设定报告结构。规定报告的章节安排、逻辑顺序等,使报告具有清晰的层次和条理。

（3）涵盖关键指标。包含一系列被广泛认可的关键绩效指标，用于衡量企业在各方面的表现。

（4）数据和方法论。数据收集、计算和验证的方法，确保数据的准确性和可靠性。

（5）强调利益相关者沟通。突出与利益相关者互动和回应他们关注的内容。

（6）促进可持续发展信息呈现。帮助企业全面、系统地展示其在可持续发展方面所做的努力、获得的成果以及面临的挑战等。

（7）未来展望。基于当前的 ESG 表现和趋势，展望企业未来的发展方向和计划。

遵循这些框架的指导，企业能够清晰地界定 ESG 报告的目标，如增强透明度、建立利益相关方的信任、彰显企业责任等。企业需要明确报告的范围，这包括确定报告所覆盖的时间段、组织的边界以及涉及的业务活动，并参考权威的信息披露标准，如全球报告倡议组织（GRI）标准和可持续发展会计准则委员会（SASB）标准，构建 ESG 报告的架构，准备必要的数据，决定最终的信息呈现形式。

不同企业在 ESG 报告的目的和所依据的披露标准上存在差异，ESG 报告框架也呈现不同的侧重点，企业应根据自身的规模、战略目标、资源配置等因素，选择最适合的报告框架，以便更有效地展示其 ESG 表现，满足利益相关者的期望，并推动企业的可持续发展[1]。在选择 ESG 报告框架时，首要的是进行重要性评估，以确定企业在哪些关键领域可能产生最大的影响。这要求企业深入分析其运营对环境和社会的显著影响，并关注利益相关者特别关心的问题。企业还应遵守当地的法律法规，如 2022 年欧盟发布的《企业可持续发展报告指令》，确保其报告框架与当地政策保持一致。同时，企业也应考虑特定行业组织或协会发布的指导性原则，如全球房地产可持续发展基准（Global Real Estate Sustainability Benchmark，GRESB）。

综合这些因素，企业可以选择一个既满足法规要求又贴近行业实践的 ESG 报告框架，从而更有效地展示其对可持续发展的承诺和绩效。这种审慎的选择和定制化的框架设计将有助于企业在全球可持续发展的进程中发挥积极作用。

以下是一些步骤和考虑因素，帮助企业选择 ESG 报告框架。

---

[1] 中国证券投资基金业协会. 中国上市公司 ESG 评价体系研究报告［R/OL］. 2018. https://finance. sina. com. cn/money/fund/jjdt/2018-11-13/doc-ihmutuea9810220. shtml.

（1）实质性评估。进行全面的实质性评估，以确定对业务最为关键的 ESG 议题。

（2）利益相关方参与。与关键利益相关方沟通，了解他们对组织的期望和关注点。

（3）行业特定要求。考虑所在行业的特定需求和挑战，选择能够反映这些特点的框架。

（4）资源和能力。评估组织内部的资源和能力，确保所选框架与组织的实际执行能力相匹配。

（5）监管和合规要求。考虑所在地区或行业的监管要求，确保报告框架符合或超越这些要求。

（6）国际标准兼容性。选择与国际 ESG 报告标准兼容的框架，以提高报告的全球认可度。

（7）长期战略一致性。确保所选框架与组织的长期战略和目标保持一致。

（8）持续改进。选择一个能够支持持续改进和适应未来变化的框架。

（9）透明和可比性。选择能够提供透明和可比性指标的框架，以便利益相关方理解和评估。

（10）第三方验证。考虑框架是否支持第三方验证，这可以提高报告的可信度。

不同 ESG 报告框架共同承担着指导企业进行 ESG 信息披露的责任。由于它们产生和发展的背景不同，虽然在框架指标体系的设置上基本一致，但是在细分指标的设计上则各有特色[①]。

以气候相关财务信息披露工作组（TCFD）的 ESG 报告框架为例，TCFD 框架专注于气候相关风险和机遇的财务影响，侧重帮助企业和投资者理解气候变化对企业财务状况的潜在影响。

由于资产的正确定价对金融市场的稳定和资产的配置极为重要，全球资本市场日益关注气候风险的传导，及时且准确的气候信息披露变得至关重要，它帮助市场参与者评估和定价与气候相关的风险和机遇。

---

① 施懿宸，包婕. 中国 ESG 指标体系发展需要中国特色［EB/OL］.（2019-09-11）［2024-05-06］. https://finance.sina.com.cn/zl/china/2019-09-11/zl-iicezueu5043848.shtml.

> 金融稳定理事会于 2015 年 12 月成立了气候相关财务信息披露的工作组（TCFD），该工作组的工作是向金融市场提供一套"清晰、可比且一致"（clear, comparable and consistent）的气候相关信息披露框架，协助投资者进行风险评估和定价。TCFD 的成员多为银行、保险公司、资产管理公司、养老基金以及大型非银行金融机构。

2017 年，TCFD 推出了由治理、战略、风险管理以及指标和目标四大核心要素组成的气候信息披露框架（见图 5-1）①，制定了所有行业通用的 11 个建议披露事项。这个框架旨在帮助金融机构评估企业可能面临的收入、成本、资产、负债等方面的影响。截至 2023 年，TCFD 的框架得到了全球超过四千家各类机构的支持，其中 4 486 家为企业，369 家为行业协会、监管部门、投资机构等其他组织，全球前 100 的企业中有 97 家宣布支持 TCFD。这些机构管理的资产总额达到了数万亿美元的规模②。

治理
围绕气候相关风险和机遇的组织治理

战略
气候相关风险和机遇对组织业务、战略及财务规划方面的实际影响与潜在影响

风险管理
组织在识别、评估及管理气候相关风险时采用的流程

指标和目标
评估及管理气候相关的风险与机遇的指标和目标

图 5-1   TCFD 四大核心要素

2020 年 9 月，一系列全球性倡议组织，包括全球报告倡议组织（GRI）、可持续发展会计准则委员会（SASB）、碳信息披露项目（CDP）、气候披露标准委员会（CDSB），以及国际综合报告委员会（IIRC），宣布了一项共同的意向声明，公布将在气候相关财务信息披露标准的模型中引入 TCFD 框架及建议的指标。2020 年 11 月，国际碳核算

---

① Task Force on Climate-related Financial Disclosures（TCFD）. 气候相关财务信息披露工作组建议的报告［R］. 2017：12.
② Task Force on Climate-Related Financial Disclosures（TCFD）. 2023 Status Report［R］. 2023：81.

金融联盟(Partnership for Carbon Accounting Financials ,PCAF)发布了《金融业温室气体核算和报告指南》,通过采用包括 TCFD 指南在内的披露要求,补充和加强其现有的框架。2023 年 10 月,TCFD 发布了第六份进展报告,并将其职责移交给国际可持续发展准则理事会(ISSB)。

除了广受认可的气候相关财务信息披露工作组(TCFD)披露框架之外,还有一系列区域性和行业性的披露框架,它们为不同领域和地区的企业提供了更具体的指导。例如,综合报告(integrated reporting,IR)框架是由国际综合报告委员会提出的一种新型的企业报告模式。这种框架旨在改善信息的质量,使提供资金的各方能够更高效、更有效地配置资本。综合报告框架鼓励企业采取一种更加整合和高效的方法来进行企业报告,将不同的报告线索结合起来,聚焦那些对组织长期价值创造能力有实质性影响的因素。综合报告是一种沟通文件,它将组织的战略、治理、绩效和前景与其外部环境联系起来,展示如何在短期、中期和长期创造价值(见图 5-2)。这种报告模式不仅包括传统的财务信息,还整合了 ESG 等非财务信息,以提供一个更全面的组织表现视角①。2021 年 1 月,对综合报告框架进行了修订,这是自其 2013 年最初发布以来的首次修订,以使报告更有助于决策。根据国际综合报告委员会发布的《IIRC 的十年》(10 Years of the IIRC),已经有 70 多个国家的 2 500 家企业采用了综合报告框架,超过 40 家证券交易所参考了综合报告框架的概念。

图 5-2　综合报告框架示意图

二、报告编制流程

每个企业在编制 ESG 报告时,可根据企业自身实践制定具体编制流程,以确保企业能够全面、准确地披露其在环境、社会和治理方面的表现。针对一般情况,ESG 报告编制流程如图 5-3 所示。

编制一份全面的 ESG 报告,不仅需要企业高层的坚定支持,还需要部门之间的

---

① 蔚骁,吴天水,施懿宸. 综合报告(Integrated Reporting)披露背景、现状及实践概览[EB/OL].(2023-05-31)[2024/6/18]. https://iigf.cufe.edu.cn/info/1012/6973.htm.

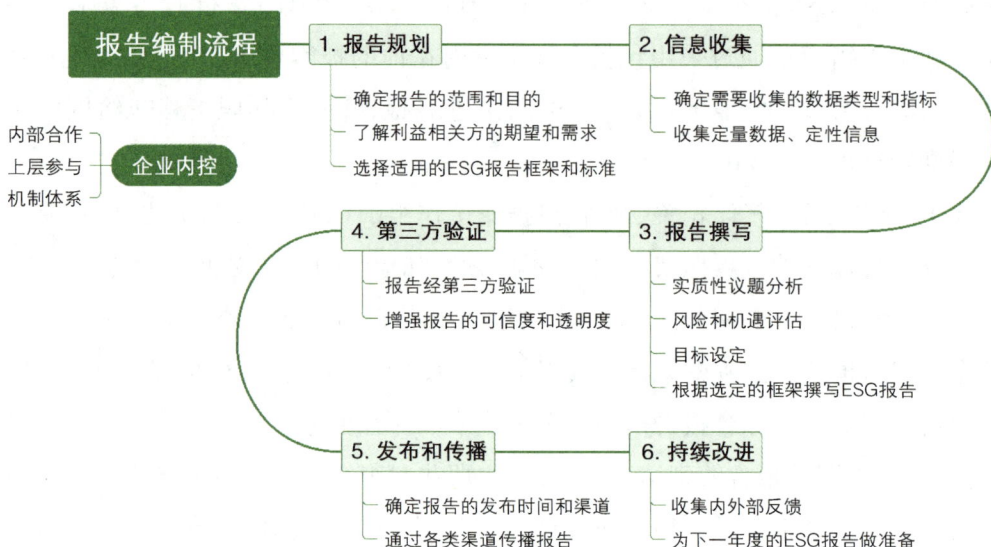

图 5-3　报告编制流程

通力协作。如图 5-3 所示,在编制流程外有"企业内控"模块,这一模块的主要作用包括三个方面。

(1)内部合作。确保不同部门之间的有效沟通和协作,整合来自不同部门的数据和信息。

(2)上层(董事会)参与。确保报告由企业内部的高级管理层审阅,并最终批准发布。

(3)机制体系。确保 ESG 信息收集,核准,工作常态机制。

企业各部门的协同作业确保了报告内容的全面性和准确性,反映了企业在环境、社会和公司治理方面的整体表现和承诺。在 ESG 信息披露要求日益提高的当下,企业必须不断审视和完善其报告编制流程。这意味着从数据收集、分析到报告撰写的每个环节,都需要遵循最高的标准和最佳实践。企业应采用先进的技术手段,确保数据的精确性和报告的透明度。

一份高质量的 ESG 报告不仅是企业社会责任和治理水平的展示窗口,还能为投资者和其他利益相关方提供全面的视角,深入了解企业在可持续发展领域的表现和承诺。尽管不同企业在 ESG 实践上各有侧重,但一份高质量的 ESG 报告通常包含的关键要素如图 5-4 所示。

以香港联合交易所发布的《环境、社会及管治报告指引》为例,自 2015 年 12 月 21

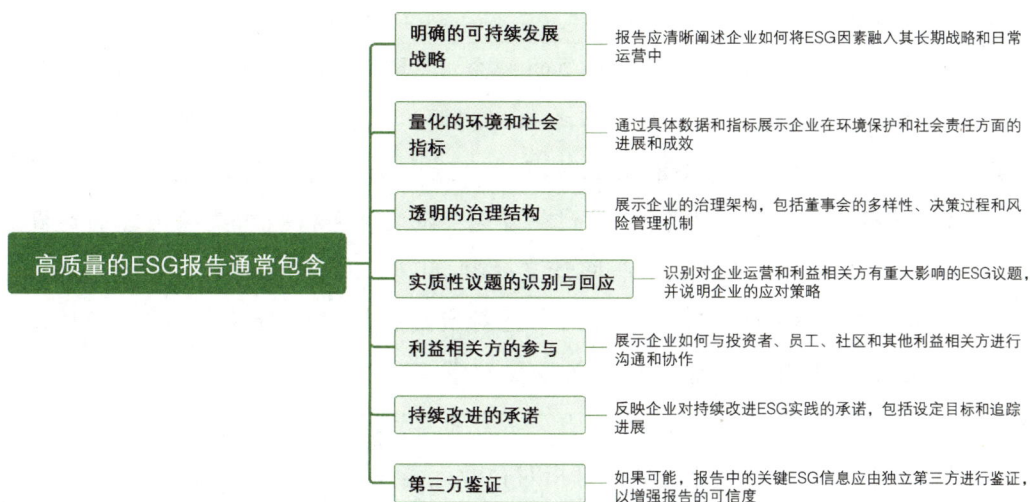

图 5-4　高质量 ESG 报告的关键要素

日首次发布后,不断完善、修订,作为香港交易所上市规则附录 C2,明确上市公司的 ESG 披露要求、范围等规则(见图 5-5),促进上市公司在 ESG 及可持续发展方面的提升。

图 5-5　《环境、社会及管治报告指引》汇报原则

资料来源:香港交易所. 环境、社会及管治报告指引[EB/OL]. (2023-12-31)[2024-05-30]. https://cn-rules.hkex.com.hk/sites/default/files/net_file_store/HKEXCN_SC_10553_VER32616.pdf.

在界定 ESG 报告内容时,需要特别注意实质性(materiality)议题这一概念,它反映了企业对 ESG 管理的核心要素的理解,直接影响利益相关方对 ESG 报告的评估和基于报告主体的决策。

> "实质性"是金融业中一个重要的概念,它起源于英文单词"materiality"。美国作为最早制定证券法案的国家之一,在 1934 年通过《证券交易法》后,成立了美国证券交易委员会,要求企业披露对公众利益具有实质性影响的公司信息,以保护投资者。其对"实质性"的定义是:如果财务报告中某项内容的遗漏或错误表述足以影响或改变报告阅读者的判断,那么这项内容就具有实质性。美国最高法院在 1976 年的一个案例中也对实质性概念进行了阐释,将实质性事实定义为"任何理性股东可能认为重要的事实"。

在 ESG 报告中,实质性议题通常是指对企业运营、战略、财务表现以及与利益相关方的关系具有重大影响的议题,并可通过一些量化工具来确定,如实质性议题矩阵。

不同标准对实质性的描述如表 5-1 所示。

表 5-1　不同标准对实质性的描述

国际组织	相关标准对实质性的描述
全球报告倡议组织(GRI)	反映了报告组织的重大经济、环境和社会影响,或者对利益相关方的评估与决定有重要影响的事项。新版 GRI 标准于 2023 年 1 月正式生效,提升为双重实质性,即同时描述企业对外部经济、社会与环境的影响,以及相关影响对财务、经营、发展的影响
可持续发展会计准则委员会(SASB)	如果遗漏、误报或模糊信息可能会影响用户根据其对短期、中期和长期财务业绩和企业价值的评估做出的投资或贷款决策,则该信息对财务有实质性影响
气候披露标准委员会(CDSB)	其描述的环境影响或结果,考虑到其规模和性质,预计会对组织的财务状况和运营结果及其执行战略的能力产生重大的正面或负面影响;忽略、误报或掩盖这一环境信息可能会影响用户根据针对特定报告机构的主流报告做出的决策

实质性矩阵是一种帮助企业系统地识别和优先考虑关键 ESG 议题的工具。实质性矩阵的使用使企业能够更加科学和系统地管理 ESG 风险和机遇,也为编制高质量的 ESG 报告提供支持。通过这种方法,企业可以向利益相关方展示其对实质性议题的深刻理解和负责任的管理,从而提升企业的透明度和信誉。这种透明和系统的方法论不仅有助于企业内部决策,也为外部利益相关方提供了清晰的视角,以了解企业在 ESG 领域的努力和成效。

构建实质性矩阵通常包括六个关键步骤。

(1)识别影响因素。列出所有可能对企业产生影响的内外部因素,包括社会、环境、经济、治理等方面。

（2）评估重要性。对每个因素进行重要性评估，通常基于其对企业的潜在影响和企业对该因素的控制力或影响力。

（3）确定实质性议题。通过评估，确定哪些因素是实质性议题，即对企业的战略、运营和声誉有重大影响的因素。

（4）优先排序。对实质性议题进行优先排序，以便企业能够集中资源和注意力解决最紧迫的问题。

（5）行动计划。为每个确定的实质性议题制定行动计划，包括目标设定、策略制定和执行步骤。

（6）持续监控和改进。定期回顾和更新实质性议题的评估，确保企业能够及时响应外部环境的变化。

实质性矩阵的应用不仅增强了企业对 ESG 风险和机遇的管理能力，而且为编制高质量的 ESG 报告提供了坚实的基础。图 5-6 和图 5-7 是实际企业公布的实质性矩

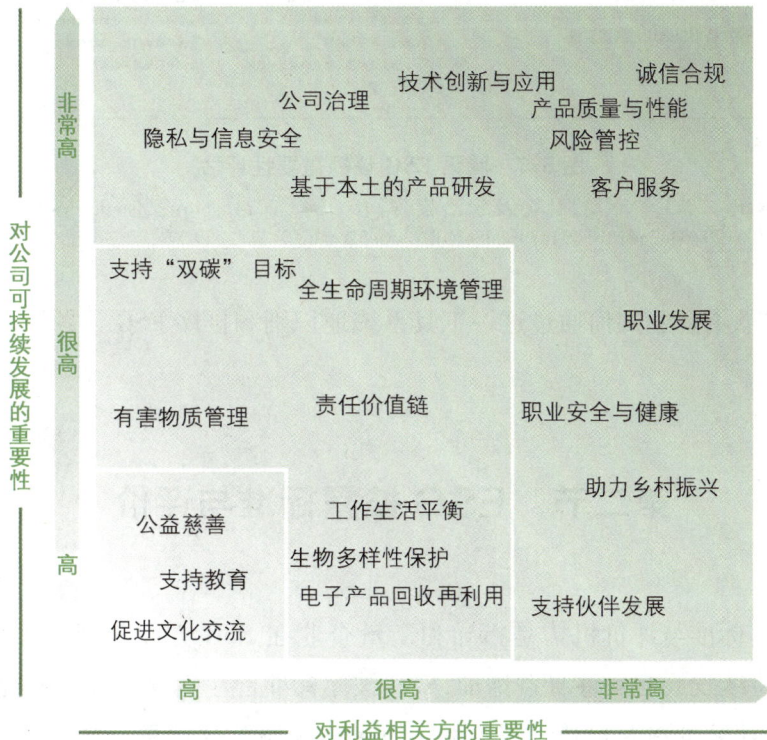

图 5-6　佳能（中国）企业社会责任实质性议题

资料来源：佳能（中国）．企业社会责任—责任管理—实质性议题［EB/OL］．
［2024-05-30］．https://www.canon.com.cn/csr/responsibility/topic/．

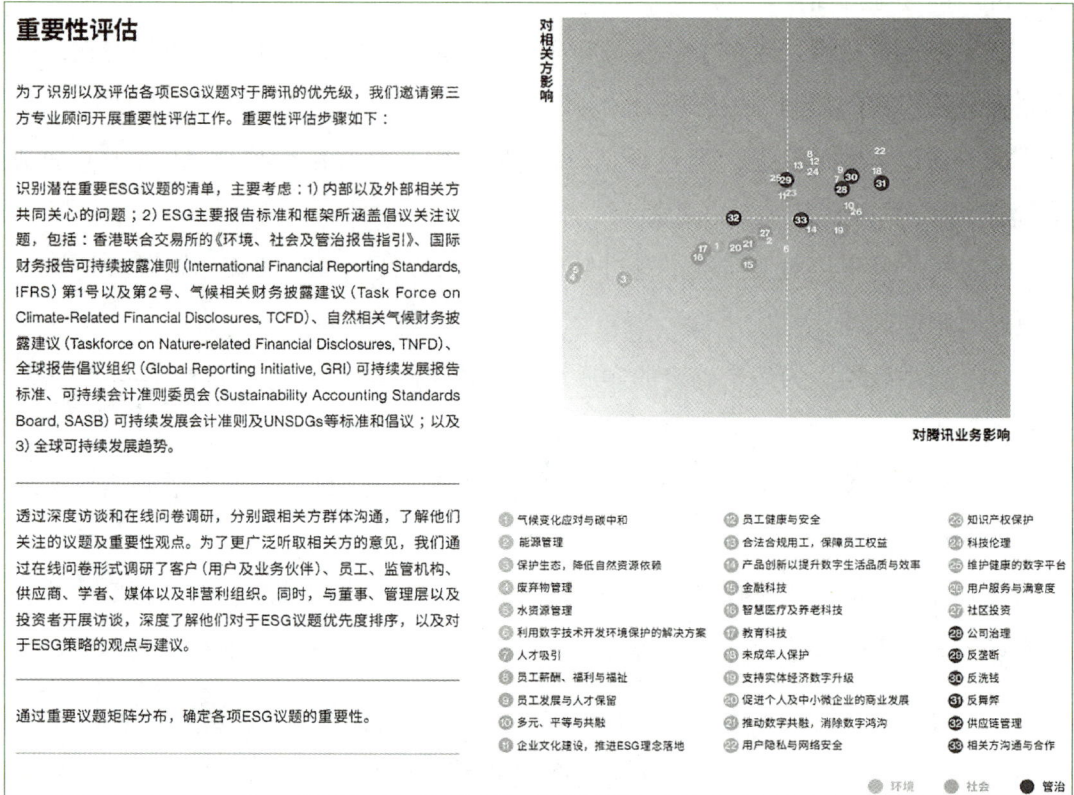

重要性评估

为了识别以及评估各项ESG议题对于腾讯的优先级，我们邀请第三方专业顾问开展重要性评估工作。重要性评估步骤如下：

识别潜在重要ESG议题的清单，主要考虑：1) 内部以及外部相关方共同关心的问题；2) ESG主要报告标准和框架所涵盖倡议关注议题，包括：香港联合交易所的《环境、社会及管治报告指引》、国际财务报告可持续披露准则(International Financial Reporting Standards, IFRS)第1号以及第2号、气候相关财务披露建议(Task Force on Climate-Related Financial Disclosures, TCFD)、自然相关气候财务披露建议(Taskforce on Nature-related Financial Disclosures, TNFD)、全球报告倡议组织(Global Reporting Initiative, GRI)可持续发展报告标准、可持续会计准则委员会(Sustainability Accounting Standards Board, SASB)可持续发展会计准则及UNSDGs等标准和倡议；以及3) 全球可持续发展趋势。

透过深度访谈和在线问卷调研，分别跟相关方群体沟通，了解他们关注的议题及重要性观点。为了更广泛听取相关方的意见，我们通过在线问卷形式调研了客户（用户及业务伙伴）、员工、监管机构、供应商、学者、媒体以及非营利组织。同时，与董事、管理层以及投资者开展访谈，深度了解他们对于ESG议题优先度排序，以及对于ESG策略的观点与建议。

通过重要议题矩阵分布，确定各项ESG议题的重要性。

图 5-7　腾讯 ESG 议题重要性评估

资料来源：腾讯. 2023 年环境、社会及管治报告［R/OL］. 2024. https：//static. www. tencent. com/uploads/2024/05/29/64c2c411b5694a79bbd8ef4db73d6e57. pdf.

阵示例，它展示了企业如何通过这一工具系统地识别和排序 ESG 议题。

第二节　ESG 披露标准与评价

　　ESG 披露标准与评价机构是指导和衡量企业在 ESG 方面表现的关键要素。随着全球对可持续发展的关注日益增加，ESG 披露标准旨在确保企业能够提供透明、可比较的信息，帮助投资者和其他利益相关方做出决策。这些标准通常由国际组织或专业机构制定，如全球报告倡议组织（GRI）、可持续发展会计准则委员会（SASB）和气候相关财务信息披露工作组（TCFD）等。

评价机构则运用这些标准来评估企业的 ESG 绩效,通过评级和排名的方式,针对企业的 ESG 表现提供量化的反馈。这些评价结果不仅影响企业的品牌形象和市场信誉,还可能影响其融资成本和投资吸引力。因此,ESG 披露标准和评价机构在推动企业实现可持续发展目标和提高整体市场透明度方面发挥着至关重要的作用。

信息披露有三种形式。

(1)完全强制披露。以美国、法国、澳大利亚等为代表,要求所有上市公司必须披露 ESG 相关信息。

(2)半强制披露。以欧盟国家和英国为代表,部分 ESG 信息披露是强制性的,而其他部分的披露则是自愿的。

(3)不披露就解释。如巴西和新加坡,上市公司必须发布可持续报告或根据 ESG 信息披露指引进行披露;如果不披露,则必须提供解释。

一、主要 ESG 披露标准

主要的 ESG 披露标准包括 GRI、SASB、IIRC 等的标准,这些标准为企业提供了一套 ESG 信息披露的工具,帮助它们确定披露哪些 ESG 信息,以及如何以一种对投资者和其他利益相关者透明和有用的方式进行报告。随着全球对 ESG 议题的重视加深,这些标准也在不断发展和完善,以适应不断变化的市场需求和监管环境。全球主要的交易所采用的 ESG 信息披露标准主要可分为两大类:一类侧重综合性信息披露,如 GRI、SASB、IIRC 等;一类聚焦气候变化,如 TCFD 和 CDP。根据可持续证券交易所倡议(SSEI)的数据统计(见图 5-8),GRI 为目前交易所采用最多的 ESG 信息披露标准(96%),SASB 也是被较多采用的 ESG 信息披露准则(82%)。

> 2009 年,联合国全球契约组织、联合国贸易和发展会议(United Nations Conference on Trade and Development,UNCTAD)、联合国环境署金融倡议(Financial Initiative,FI)及联合国负责任投资原则组织(UN PRI)共同发起可持续证券交易所倡议,旨在促进全球各交易所的交流和学习,促进可持续发展方面的发展。上海证券交易所和深圳证券交易所于 2017 年先后加入 SSEI,成为第 65 家和第 67 家伙伴交易所。

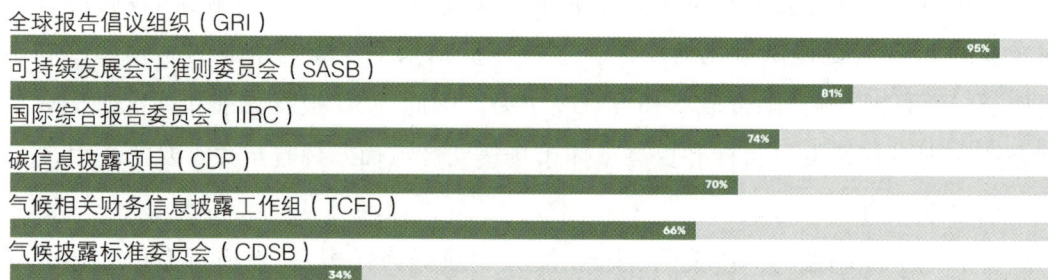

全球报告倡议组织（GRI）
95%
可持续发展会计准则委员会（SASB）
81%
国际综合报告委员会（IIRC）
74%
碳信息披露项目（CDP）
70%
气候相关财务信息披露工作组（TCFD）
66%
气候披露标准委员会（CDSB）
34%

图 5-8　证券交易所指导文件中引用的披露标注（截至 2025 年 3 月）

资料来源：SSEI 官网（https://sseinitiative.org/esg-guidance-database）。

主要 ESG 披露标准如表 5-2 所示。

表 5-2　主要 ESG 披露标准

国际组织	披露标准
全球报告倡议组织（GRI）	最广泛使用的 ESG 报告框架之一，为企业提供了一系列披露可持续发展信息的指导原则和标准
可持续发展会计准则委员会（SASB）	为美国上市公司提供行业特定的披露标准，着重于那些可能影响公司财务表现的可持续性因素
国际综合报告委员会（IIRC）	将企业的财务信息和非财务信息整合在一起，以提供更全面的视角
气候相关财务信息披露工作组（TCFD）	提供了关于气候相关风险和机遇的财务披露建议，旨在帮助企业与投资者进行更有效的沟通
国际可持续发展准则理事会（ISSB）	旨在制定全球基准的可持续性相关财务披露标准
碳信息披露项目（CDP）	专注于测量、披露、管理和分享环境信息，尤其是温室气体排放
气候披露标准委员会（CDSB）	帮助企业更好地理解和报告其活动对气候变化的影响

2018 年，可持续发展会计准则委员会发布了全球可持续发展会计准则，该准则在传统行业分类的基础上，增加了可持续工业分类系统，将企业分为 77 个行业、11 个领域，并制定了完整的会计准则和披露准则，在环境、社会资本、人力资本、商业模式与创新、领导力与治理五个维度设立相关议题和指标。

2021 年 11 月，国际财务报告准则基金会宣布正式成立国际可持续发展准则理事会(ISSB),其任务是制定国际财务报告可持续披露准则(IFRS Sustainability Disclosure Standard,ISDS),旨在建立一套全面的全球可持续发展披露标准,满足全球投资者对可持续发展信息的需求。ISSB 标准的制定旨在提供一致、全面、可比较和可验证的可持续性财务信息,以帮助财务报告使用者更好地理解和评估企业的可持续性表现。这些标准是在现有成熟的国际 ESG 标准基础上整合而成的。2022 年 3 月,ISSB 发布了《国际财务报告可持续披露准则第 1 号——可持续相关财务信息披露一般要求》和《国际财务报告可持续披露准则第 2 号——气候相关披露》的征求意见稿,并在 ISSB 理事会上获得通过,于 2024 年 1 月 1 日起正式生效。这些举措将极大地推动企业可持续性信息的透明度和可比性,促进全球可持续发展的进程,对全球统一的可持续发展报告标准体系的建立有重要的意义。

香港交易所逐年加强对企业 ESG 信息披露的重视程度,并强化与国际标准的接轨。通过发布和修订指引文件(见表 5-3),香港交易所为上市公司提供了清晰的 ESG 报告框架,推动了整个市场对可持续发展的关注和实践。

表 5-3 香港交易所相关政策

时 间	政 策 内 容
2012 年 8 月	首次发布《环境、社会及管治报告指引》,作为上市公司自愿性披露建议
2016 年 1 月	将部分建议上升至半强制披露层面,实施"不披露就解释"规则
2018 年 9 月	发布《绿色金融战略框架》,加强上市公司对环境信息的披露,特别是与气候有关的披露
2019 年 5 月	发布《环境、社会及管治报告指引》修订建议的咨询文件,同年 12 月确定新版《环境、社会及管治报告指引》内容,扩大强制披露范围,将披露建议全面调整为"不披露就解释"
2021 年 11 月	发布《气候信息披露指引》,旨在促进上市公司遵守气候相关财务信息披露工作组(TCFD)的建议
2023 年 3 月	发布《2022 年上市委员会报告》,将气候披露标准调整至与 TCFD 的建议及 ISSB 的新标准一致
2023 年 4 月	刊发咨询文件,就优化 ESG 框架下的气候信息披露征询市场意见,建议所有发行人在其 ESG 报告中披露气候相关信息,并推出符合 ISSB 气候准则的新气候相关信息披露要求
2024 年 4 月	刊发有关气候信息披露规定的咨询总结,将修订有关建议,以更紧贴《国际财务报告可持续披露准则第 2 号——气候相关披露》

我国在 ESG 法规及监管体系方面取得了显著进展,为企业在 ESG 管理和信息披露方面提供了更加明确、具体的指导。随着相关政策和标准的不断完善,企业被引导和鼓励采取更加负责任的经营行为,积极履行社会责任,加强环境保护,并提升公司治理水平。这一发展不仅促进了企业的可持续发展,也为投资者和其他利益相关方提供了更加全面和透明的信息,从而增强了市场的信心和信任。随着法规和监管体系的进一步强化,中国的 ESG 实践有望达到更高的标准,为全球可持续发展做出更大的贡献。

目前国内主要参照标准如表 5-4 所示。

表 5-4　国内主要参照标准

时　间	参　照　标　准
2007 年 12 月	国务院国资委《关于中央企业履行社会责任的指导意见》
2015 年 6 月	中国国家标准《社会责任报告编写指南》(GB/T 36001—2015)
2018 年 11 月	中国社会科学院经济学部企业社会责任研究中心《中国企业社会责任报告编写指南基础框架》(CASS-CSR4.0)
2021 年 6 月	中国证监会《公开发行证券的公司信息披露内容与格式准则第 2 号——年度报告的内容与格式(2021 年修订)》
2021 年 12 月	生态环境部《企业环境信息依法披露管理办法》
2022 年 1 月	深圳证券交易所《深圳证券交易所股票上市规则(2022 年修订)》
2022 年 7 月	中国人民银行《金融机构环境信息披露指南》
2022 年 1 月	上海证券交易所《上海证券交易所上市公司自律监管指引第 1 号——规范运作》发布,并于 2023 年 8 月、12 月修订
2022 年 1 月	深圳证券交易所《深圳证券交易所上市公司自律监管指引第 1 号——主板上市公司规范运作》发布,并于 2023 年 8 月、12 月修订
2024 年 4 月	上海、深圳、北京三大交易所正式发布上市公司可持续发展报告指引
2024 年 11 月	财政部等发布《企业可持续披露准则——基本准则(试行)》

通过国家各相关部门发布的文件,我们可以清晰地看到,中国在 ESG 信息披露方面的政策框架和监管机制正在不断地得到加强和完善。这表明国家对于推动企业社会责任、环境保护和良好治理的承诺,以及通过透明的信息披露促进可持续发展的决心。随着政策的逐步细化和监管的日益严格,企业被鼓励和要求更加主动地披露

其在环境、社会和治理方面的表现,这不仅有助于提升企业自身的品牌形象和市场竞争力,也为投资者和其他利益相关方提供了更为全面和深入的决策依据。

二、ESG 评级与作用

ESG 评级是 ESG 评价的重要实践途径之一,它基于 ESG 理念,由第三方机构通过特定的方法和体系,对企业在环境、社会和公司治理方面的综合表现进行评估后给予等级划分。ESG 评级通常由专业的评级机构或相关组织进行操作。这些评级结果反映了企业在环境保护、社会责任承担、公司治理结构等方面的相对水平和成效,帮助投资者、企业自身、监管机构等更好地了解企业的可持续发展能力和潜在风险,在投资决策、企业管理改进、市场监督等方面具有重要意义。不同的评级机构可能采用不同的指标体系和权重设置,导致企业在不同机构的评级结果可能存在差异。

现阶段,国际上主要由三个部分相互协调,共同构成了 ESG 评级系统(见图 5-9)。

图 5-9　ESG 评级体系

企业是 ESG 信息披露的主体,也是 ESG 信息披露整体前提条件;ESG 评级为企业 ESG 实践提供了可量化的指标;ESG 投资则是基于两者的实践,也是 ESG 评级的重要应用领域。随着企业对 ESG 重视程度的不断提高,ESG 生态系统的各相关方都在努力推动 ESG 评级体系的完善。虽然目前不同的评级机构和体系之间还存在一定差异,但已经出现逐渐走向统一标准的趋势。在整个 ESG 评级的过程中,相关各方共同努力、相互促进,积极推动 ESG 评级体系不断完善,更好地服务于可持续发展的目标,确保其公正性和准确性,推动经济社会的良性发展。

主要评级机构的对比如表 5-5 所示。

表 5-5 主要 ESG 评级机构对比

评级机构	评级方法	特点
道琼斯可持续发展指数（DJSI）	主要由环境、社会和经济三个层面组成，对企业的 600 余个环境、社会和经济指标进行评分，并设有通用指标与符合行业特点的行业指标，根据行业特性对各项分数按照权重进行调整得出最终得分	始于 1999 年，是全球第一个可持续发展指数，DJSI 每年都会基于企业 ESG 综合表现，评选出在可持续发展方面有卓越表现的大型企业。其提供的数据涵盖近 5 000 家公司，为许多投资机构的 ESG 投资决策提供参考
碳信息披露项目（CDP）	CDP 问卷分为气候变化、水、森林，被邀请填写问卷的企业无论是否回复，均会被 CDP 进行打分，因而企业应及时查询是否被邀请填写问卷并积极回复。问卷在 CDP 官网上可直接获取	截至 2023 年，全球有超过 23 000 家企业在 CDP 平台披露其环境数据，较 2022 年增长约 25%
晨星（Sustainalytics）	指标主要由三个计分模块组成，即企业管理模块、实质性 ESG 议题模块和企业独特议题模块。三个模块中，实质性的 ESG 议题模块为核心和评分关键模块，涵盖了企业在环境、社会、管治三个层面的各类综合指标	全球领先的 ESG 评级和公司治理产品及服务提供商，一直致力于开发高质量、创新的解决方案以满足全球投资者不断变化的需求
明晟（MSCI）ESG 指数	涵盖 10 个议题和 37 个核心指标。在完成基本指标打分后，MSCI 按照全球行业分类标准（GICS）将被评分者分为 11 大类、24 个行业组别、69 个行业及 158 个子行业，并按照不同行业中各议题的风险给各项核心议题分配 5%~30% 的权重	MSCI 指数广为投资人参考，是全球投资组合经理采用最多的投资标准
华证指数	评级方法结合了国际标准和中国国情，通过一系列细化的一级、二级和三级指标，对企业进行多维度评估。评级过程中，根据指标对企业影响的时间范围和程度，赋予不同的权重。最终，评级结果以 "AAA—C" 的九档评级呈现	旨在衡量中国 A 股和港股上市公司的 ESG 表现，评级系统自 2009 年起收集数据，分为 1.0 和 2.0 体系，并自 2019 年起扩展到港股、债券和基金评级。评级更新遵循季度或半年度的时间表，并设有临时调整机制以应对重大事件
中证指数	中证 ESG 评价体系由 14 个主题、22 个单元和 100 余个指标构成。由指标开始，依次计算出单元、主题、各维度分数，并根据得分所对应的指标进行计算风险等指标计算	中证 ESG 评价更新频率一般为月度，通过公开可获取的数据，包括年报、社会责任报告等，保证评级的透明度和公正性

续　表

评级机构	评级方法	特点
万得(Wind)指数	Wind ESG 评级指标体系分为 E、S、G 三大维度,有 27 个议题、300 多个具体指标,同时基于新闻舆情、监管处罚、法律诉讼等进行争议事件评估,以综合反映企业的 ESG 管理实践水平以及重大突发风险	在学习包括 ISO 26000、SDGs、GRI 、TCFD 等国际标准和指南的基础上,结合中国公司 ESG 信息披露的政策和现状,并依托自身强大的数据采集、分析及处理能力,构建了独具特色的中国公司 ESG 评级体系

常见的 ESG 评价方法如表 5-6 所示。

表 5-6　常见的 ESG 评价方法

评价方法	方法描述
指标评分法	设定一系列具体的 ESG 指标,根据企业在这些指标上的表现进行打分
行业对标法	将企业的 ESG 表现与同行业其他企业进行比较和评估
定性定量结合法	综合运用定性描述和定量数据来评判企业的 ESG 状况
多维度评估法	从不同维度分别评估,再进行综合考量
大数据分析法	利用大量相关数据进行分析和挖掘,得出 ESG 评价结论
情景分析法	考虑不同的情景和未来发展趋势,评估企业的应对能力和潜在影响

对比海外和我国本土的 ESG 评价体系时,可以发现它们既有相似之处,也有明显的差异,这些特点共同塑造了全球 ESG 评价的多样性和丰富性(见表 5-7)。其共同点主要体现在对 ESG 理念的普遍认同和实践。无论海外还是本土的评价体系,都强调企业在环境、社会和治理方面的责任,以及这些因素对企业长期成功和风险管理的重要性。它们都采用了一套综合的方法来构建指标,细化至具体的评估指标,并在设计指标和分配权重时考虑到不同行业的特点,以确保评价的相关性和准确性。差异则表现在文化、市场特性、合规性和监管要求等方面。海外的 ESG 评价体系可能更倾向于反映国际市场的标准和价值观,而我国本土的体系则更贴近中国的国情、文化和政策环境。例如,本土评价体系可能更加注重符合中国法律法规的要求,以及适应中国特定社会和经济背景,本土评价体系在社会维度的指标和议题设置上,可能更加符合中国社会的需求和期望。在合规性和监管要求方面,海外和本土的 ESG 评价体系虽然都旨在促进企业的可持续发展,但具体的法规和政策导向也存在一定的差异。

海外体系可能更强调自愿性原则和市场驱动,而中国本土体系则可能更侧重政策引导和监管要求。

表 5-7   海外和我国本土的 ESG 评价体系对比

相似	数据来源	无论海外还是本土的评价体系,通常都会广泛搜集数据,包括但不限于企业的年度报告、可持续发展报告、社会责任报告,以及来自政府、非政府组织、专业数据库和媒体的信息
	指标构建	大多数评价体系都采用综合的方法来构建指标,即从宏观的环境、社会和治理三个维度出发,细化至具体的评估指标,这些指标可能多达数十甚至数百个
	行业分类	在设计指标和分配权重时,各评价体系通常会考虑到不同行业的特点,以确保评价的相关性和准确性
区别	考察范围	不同的评价体系可能会侧重不同的 ESG 方面,有的可能更关注环境因素,有的可能更重视社会或治理因素
	底层指标	虽然指标构建的方法可能相似,但具体的底层指标及其定义、计算方法和权重分配可能会因评价体系而异
	风险和争议处理	不同评价体系对于争议事件和风险敞口的处理和认定方法可能不同,这可能会影响最终的评级结果
	评级结果的一致性	不同的评价体系可能会给出不同的 ESG 评级,这可能会使投资者难以判断企业的 ESG 表现,也可能影响 ESG 评价的统一性和权威性
	文化和市场特性	不同的评价体系在某种程度上会反映本地市场的特殊性和文化因素,特别是在社会维度的指标和议题上更加明显
	合规性和监管要求	不同的评价体系在考虑全球性的规范和标准的同时,也可能呈现出本区域的合规性和监管要求

尽管存在差异,但海外和本土的 ESG 评价体系都在不断演进和完善,以适应全球化的挑战和本土化的需求。随着国际交流和合作的加深,两种体系之间的融合和互鉴也越来越普遍,共同推动了全球 ESG 评价体系的发展和进步。

综合国内外 ESG 信息披露体系的现状,我们可以看到,现阶段也可能存在一些挑战(见表 5-8)。这些挑战涉及从标准制定、监管要求到企业实践、人才培养等多个层面,需要政府、企业和社会各界共同努力,通过制定统一的标准、加强监管、提升技术、增强市场认知等措施,推动 ESG 信息披露体系的持续改进和发展。

表 5-8　ESG 信息披露面临的挑战

领　域	具　体　挑　战
标准与监管	统一标准缺失：目前全球尚未形成统一的 ESG 信息披露框架和标准，导致不同机构的评级结果可能存在显著差异
	监管政策趋严：各国政策及监管的要求提升，企业需要满足更高标准的合规性
数据与质量	数据收集和核算难度：ESG 信息收集和核算工作量大，数据分散，数据质量需要保证
	信息披露质量参差不齐：企业间披露质量不一，部分企业可能为了短期利益不真实地或有所选择地报告 ESG 信息，影响 ESG 评分表现，误导投资者
人才与知识	专业人才和知识缺乏：缺少专业人才和相关知识，限制了 ESG 实践的深入，特别是企业数字化转型的深入对 ESG 人才也提出了更高的要求
评级与投资	评级结果差异：不同评级机构的评级方法和框架透明度不高，投资者难以了解评级结果的详细计算过程和依据
认知与实践	企业对 ESG 认知不足：部分企业对 ESG 理念认知不足，缺乏自主披露意识
国际与本土	国际经验与本土实践结合：如何结合国际经验与本土特点，形成具有中国特色的 ESG 体系

三、ESG 评级对企业的影响

ESG 评级对企业而言具有深远的意义，它不仅是一种衡量企业在环境、社会和治理方面表现的工具，更是推动企业可持续发展的重要动力（见表 5-9）。通过 ESG 评级，企业能够清晰地认识到自身在社会责任和长期价值创造方面的定位，从而在环境保护、社会贡献、内部治理等多个维度上进行自我审视和优化。

表 5-9　高质量的 ESG 信息披露及评级对企业的意义

领　域	具　体　意　义
投资与市场认可	ESG 评级对企业而言是吸引投资者和市场认可的关键因素； 高评级的企业能够展示其在可持续发展方面的领导力，吸引那些重视环境和社会责任的投资者，同时提高企业在消费者和合作伙伴中的声誉，从而在市场中获得差异化的竞争优势

续　表

领　域	具　体　意　义
风险管理与合规性	良好的 ESG 评级反映了企业在风险管理和合规性方面的成熟度； 企业通过 ESG 评级可以识别和减轻与环境、社会和治理相关的风险,确保遵守法律法规,减少潜在的法律和财务处罚,从而保护企业的长期价值和股东利益
品牌价值与社会贡献	ESG 评级是企业品牌价值和社会责任的重要指标； 通过积极的 ESG 实践,企业不仅能够提升自身的品牌形象,还能够向社会展示其对社会和环境的正面贡献,增强公众对企业的信任和支持,建立起积极的社会形象
长期战略与创新驱动	ESG 评级鼓励企业采取长期视角,关注可持续发展战略,并在业务模式和运营中不断创新； 这促使企业在产品、服务和管理实践中寻求创新,提高资源效率,促进经济增长与环境保护的和谐共存,最终实现长期稳定的发展

ESG 评级作为衡量企业在环境、社会和治理方面表现的重要工具,在全球范围内受到越来越多的关注。然而,在这一体系快速发展的同时,也面临着一系列挑战,包括缺乏统一的披露标准、"漂绿"行为的误导、评级透明度不足以及专业人才和数字化转型的挑战①。尽管存在这些挑战,ESG 评级的发展趋势仍然显示出积极的前景,包括信息披露的强制性和全面性、评级透明度的提升、数字化技术的应用、本土化与国际化标准的融合,以及 ESG 评级与企业战略的深度整合(见表 5-10)。这些趋势预示着 ESG 评级将朝着更加准确、透明和统一的方向发展,为企业的可持续发展提供更有力的支持②。

表 5-10　企业 ESG 信息披露及评级未来发展趋势

领　域	未　来　发　展　趋　势
强制性和全面性的信息披露	未来 ESG 信息披露将由目前的自愿性逐渐转变为强制性,并从内容上由单一性向全面性过渡； 这意味着企业将需要更加系统和全面地报告其在环境、社会和治理方面的表现,而监管机构可能会制定更严格的披露要求,以确保信息的一致性和可比性

① 刘诗萌. 专访施涵：中国 ESG 强制性披露时代即将到来,应对违反 ESG 信披规定的企业加大执法力度［EB/OL］.（2024-04-17）［2024-06-08］. https://www.chinatimes.net.cn/article/135750.html.
② 张静静. 从境外经验看 ESG 信息披露的发展趋势及影响［R/OL］. 2022. https://www.hangyan.co/reports/2772540541416506375.

续　表

领　域	未　来　发　展　趋　势
评级方法和数据透明度的提升	为了提高评级的可信度和实用性,ESG 评级机构将努力提高评级方法和数据的透明度; 这包括公开其评级框架、评分标准以及数据来源,从而使投资者和其他利益相关方能够更清楚地了解评级结果背后的依据
数字化技术在 ESG 评级中的应用	随着数字技术的发展,预计人工智能、大数据分析、区块链等技术将在 ESG 评级中发挥更大作用; 这些技术的应用将提高信息收集、处理和分析的效率,帮助企业更准确地识别和管理 ESG 相关风险,同时也为评级机构提供了更加精准的评级工具
本土化与国际化标准的融合	面对全球化的挑战和本土化的需要,中国 ESG 评级市场将探索如何将国际标准与本土实际情况结合; 这将涉及在保持与国际标准接轨的同时,充分考虑中国的社会、文化和经济特点,形成具有中国特色的 ESG 评级体系
ESG 评级与企业战略的深度整合	企业将越来越意识到,ESG 评级不仅是一种外部要求,更是企业战略发展的重要组成部分; 企业将 ESG 评级与自身发展战略深度整合,通过提升 ESG 表现来增强品牌价值、吸引投资、降低运营成本,并实现长期的可持续发展

第六章

———

ESG 投资

第一节　ESG 投资原则与策略

随着国际社会对可持续发展越来越重视,ESG 投资原则与策略已经成为投资领域重要的组成部分。ESG 投资不仅关注企业的财务表现,还考虑其在环境、社会和公司治理方面的责任与影响。本章将深入剖析 ESG 投资的精髓,从核心理念的阐述到策略的演进,再到实践中的应用,全方位地探讨 ESG 投资的多维度价值,旨在引导读者深入理解如何通过负责任的投资行为,激发社会和环境向更加积极的方向变革。

本章不仅致力于培养学生对 ESG 投资理念的深刻洞察,而且强调对核心原则的掌握,并鼓励将这些原则融入实际投资决策。学生将学习一系列 ESG 投资策略(从排除性筛选到积极性筛选,再到针对特定可持续发展主题的投资方法),以及如何利用绿色金融工具,为推动环境和社会的可持续发展贡献力量。通过本章的学习,读者将能够洞察 ESG 投资的深远意义,掌握其策略精髓,并学会在投资实践中运用这些原则,以实现财务回报与社会责任的双赢。

一、ESG 投资的理念演变与原则确立

ESG 投资不同于传统财务,是更侧重可持续发展、长期价值的一种投资理念[①],由专业机构对企业环境(E)、社会(S)、公司治理(G)三个方面的表现打分,投资人根据分数做出投资决策。ESG 投资的理念最早可以追溯到 20 世纪 20 年代的伦理道德投资,宗教团体避免投资于酒精、烟草等行业,奠定了伦理投资的基础。随后,在 20 世纪 60 年代和 70 年代,社会责任投资(SRI)随着社会对民权、和平以及环境问题的觉醒而兴起,投资者开始排除那些与自己价值观不符的行业。进入 20 世纪 80 年代和 90 年代,随着全球气候变化和环境退化问题日益严重,投资者不仅关注企业的环境影响,还推动了绿色金融和清洁技术的发展。社会问题如劳工权益、性别平等和社

[①]　林中,黄振超. ESG:价值投资的"新势力"[EB/OL]. (2022-03-20)[2024-06-1]. https://cj.sina. com. cn/articles/view/5937487609/161e6def900100wh43.

区发展等也开始成为投资决策的一部分,促使投资者考虑企业的社会影响。

21 世纪初,一系列公司治理丑闻,尤其是 2001 年美国的安然事件,暴露了公司治理结构和透明度的问题,投资者开始认识到良好治理对企业长期成功的重要性。自 2004 年联合国全球契约组织(UNGC)首次提出 ESG 的概念以来,ESG 理念和投资原则逐渐受到国际社会的关注,得到主流资产管理机构的青睐,从欧美走向了世界。

> 安然公司(Enron Corporation)曾是美国领先的能源和通信公司,但在 2001 年因大规模会计欺诈而声名狼藉,其高管通过隐藏债务、夸大收益等手段误导投资者和监管机构。这起丑闻导致安然股价暴跌,最终演变为美国历史上最大的企业破产案之一,严重打击了投资者信心,并引发了对公司治理和会计透明度的全球性反思。安然事件促成了 2002 年《萨班斯-奥克斯利法案》的出台,加强了对公司治理的监管,涉案的安然高管和为其提供审计服务的安达信会计师事务所也受到了法律的严厉惩处。

随着 ESG 投资理念的普及,一系列关键原则和指导方针应运而生,形成了支持其发展的坚实基础。2006 年,联合国负责任投资原则的推出标志着投资者开始系统地将环境、社会和公司治理因素纳入投资决策。随后,全球报告倡议组织和可持续发展会计准则委员会等机构进一步推动了企业 ESG 信息的披露和报告标准。2014 年,欧盟的《非财务报告指令》要求大型公司公开环境和社会责任信息,而 2015 年《巴黎协定》的签署则促进了气候相关财务信息披露工作组的成立,为评估气候风险和机遇提供了框架。

ESG 投资实践变得多样化,满足了不同投资者的需求,包括负面筛选、正面筛选、主题投资、影响力投资等策略。这些策略的发展以及大型投资机构和资产管理公司对 ESG 因素的整合,标志着 ESG 投资逐渐成为主流投资实践的一部分。2020 年,国际财务报告准则基金会宣布成立国际可持续发展准则理事会,这一举措预示着全球统一的可持续性披露标准即将到来,进一步巩固了 ESG 在投资领域的地位。

这些具有里程碑意义的事件和政策不仅反映了 ESG 投资理念的成熟进程,也标志着全球投资实践的重大转变。它们凸显了 ESG 理念在全球金融市场中日益增长的重要性和深远影响力。由于这些事件和政策的推动,ESG 投资已经牢固地成为投资决策的核心组成部分,引导资本流向那些致力于可持续发展的企业,促进了负责任和前瞻性投资的兴起①。

2023 年 11 月,第 28 届联合国气候变化大会(COP28)召开的前夕,全球可持续投资联盟发布了《2022 年全球可持续投资回顾》。这是其第六次发布双年报告,该报告较为完整地统计了美国、欧洲、澳大利亚、新西兰、加拿大、日本等发达地区的 ESG 投资管理规模。报告指出,全球 ESG 投资管理的市场规模为 30.3 万亿美元,占总体资产规模的 24.4%,除美国外,其他国家和地区的 ESG 投资管理规模增长 20%(相对 2020 年)。根据彭博的预测分析,2025 年,ESG 资产规模预计将超过 53 万亿美元。

ESG 投资的原则是一套综合性的指导方针,旨在引导投资者在决策过程中考虑企业的环境保护、社会责任和治理结构,以实现长期的可持续发展和价值创造。这些原则强调企业不仅要追求经济效益,还要关注其对环境的影响,维护社会的福祉,并确保公司治理的透明度和问责性。通过 ESG 投资,投资者能够识别和评估企业在这些领域的风险与机遇,从而做出更加明智的投资选择。同时,ESG 投资原则鼓励企业采取负责任的行动,如减少温室气体排放、改善员工福利、增强性别多样性、反对腐败和提高透明度,这些都有助于构建更加公正和包容的社会。随着全球对环境和社会问题的日益关注,ESG 投资原则正逐渐成为投资界的共识,推动资本流向那些对社会和环境产生积极影响的企业。

ESG 投资的代表性原则议题包括以下 12 个方面。

(1)长期价值创造。ESG 投资原则强调长期价值的创造,认为良好的 ESG 实践有助于企业实现长期的稳定增长。

(2)风险管理。通过考虑 ESG 因素,投资者可以更好地识别和管理与环境、社会和治理相关的风险。

(3)利益相关方责任。企业应对所有利益相关方负责,包括员工、客户、供应商、社区以及环境。

(4)透明度和披露。企业应提供透明的 ESG 信息披露,以便投资者和其他利益相关方了解其 ESG 绩效。

(5)合规性。企业应遵守相关的法律法规,并在 ESG 方面展现出高标准的合

---

① 第一财经研究院. 方兴之时,行而不辍——2022 中国 ESG 投资报告[R/OL]. 2022. https://img. cbnri.org/files/2023/03/638156995846520000.pdf.

规性。

（6）道德和伦理。企业在其业务实践中应遵循道德和伦理原则，如反对腐败、尊重人权。

（7）多样性和包容性。企业应促进工作场所的多样性和包容性，提供平等的机会给所有员工。

（8）环境保护。企业应采取措施减少对环境的负面影响，如减少温室气体排放、保护生物多样性。

（9）社会责任。企业应承担社会责任，通过其产品和服务对社会产生积极的影响。

（10）公司治理。企业应具备健全的治理结构和流程，包括独立的董事会、公平的薪酬政策和有效的内部控制。

（11）持续改进。企业应致力于持续改进其 ESG 绩效，响应外部变化和利益相关方的期望。

（12）投资者参与。投资者应积极参与公司治理，通过股东提案、对话和其他形式推动企业在 ESG 方面的表现。

ESG 投资生态系统是一个由多元化利益相关方构成的复杂而协同的网络，涵盖企业、投资者、监管机构、标准制定机构、评级机构、国际组织、自律性组织等关键参与者。在这个生态系统中，企业扮演着核心角色，积极将 ESG 原则整合到其运营和战略中，致力于实现可持续发展目标。

投资者包括养老基金、保险公司、资产管理公司等，利用 ESG 标准筛选投资机会，推动资本向负责任的企业流动，激发正向的环境和社会变革。监管机构和自律性组织，如证券交易所，通过制定政策和指南来监督市场行为，增强市场的透明度和诚信度。

标准制定机构，如全球报告倡议组织和可持续发展会计准则委员会，提供报告框架和标准，帮助企业规范其 ESG 信息的披露。评级机构，如明晟（MSCI）、晨星（Sustainalytics），则通过评估企业的 ESG 绩效，为投资者提供关键信息，并激励企业不断追求 ESG 实践的卓越。

国际组织，如联合国和世界银行，在全球范围内推广 ESG 理念，制定国际标准，促进跨国合作。学术界、非政府组织和媒体也在 ESG 生态系统中发挥着至关重要的作用，通过研究、教育和宣传提高公众对 ESG 议题的认识，推动社会对可持续发展的广泛支持。

　　通过各方的通力合作,ESG 投资生态系统不仅推动了企业在环境保护、社会责任和治理质量方面的进步,而且促进了金融市场的绿色转型。这一生态系统为实现全球可持续发展的宏伟目标贡献着集体智慧和力量,展现了 ESG 投资在促进全球进步中的巨大潜力。

二、主要的投资策略与种类

　　根据联合国负责任投资原则组织和全球可持续投资联盟的定义,ESG 投资策略主要包括七种类型(见表 6-1)。这些策略可以单独使用,也可以形成复合型投资方法,以满足不同投资者的投资目标和风险偏好。随着 ESG 投资理念的广泛传播和深入人心,投资者越来越倾向于采纳多样化的策略组合,旨在实现财务收益与社会责任的和谐统一。这种趋势反映了投资界对于促进可持续发展的承诺,以及对环境、社会福祉和企业治理重要性认识的提升。

表 6-1　ESG 投资的七种策略

策　略　名　称	策　略　描　述
影响力/社区投资(impact/community investing)	旨在通过投资产生积极的社会和环境影响,超越财务回报的目标
正面筛选(positive/best-in-class screening)	选择那些在 ESG 方面表现优秀的公司进行投资,即选择 ESG 评价较高的企业
可持续发展主题投资(sustainability themed investing)	投资于那些有助于推动可持续发展的特定主体或行业,如清洁能源、绿色技术和可持续农业
标准筛选(norms-based screening)	根据国际规范和标准,如联合国全球契约组织、国际劳工组织等的标准,筛选符合这些标准的投资对象
负面筛选(negative/exclusionary screening)	根据特定的 ESG 标准,排除那些不符合标准的行业、公司或活动,如烟草、赌博或违反人权的公司
ESG 整合(ESG integration)	在投资分析和决策中系统地考虑 ESG 因素,将 ESG 因素融入传统的财务分析
企业参与及股东行动(corporate engagement and shareholder action)	通过与企业的对话和股东行动,推动企业在 ESG 方面做出改进

全球可持续投资联盟发布的《2022 年全球可持续投资回顾》数据显示,在 ESG 七种投资策略中,负面筛选、ESG 整合、企业参与及股东行动的策略被使用较多(见图 6-1),不同国家和地区对 ESG 投资策略的采用也有所不同。

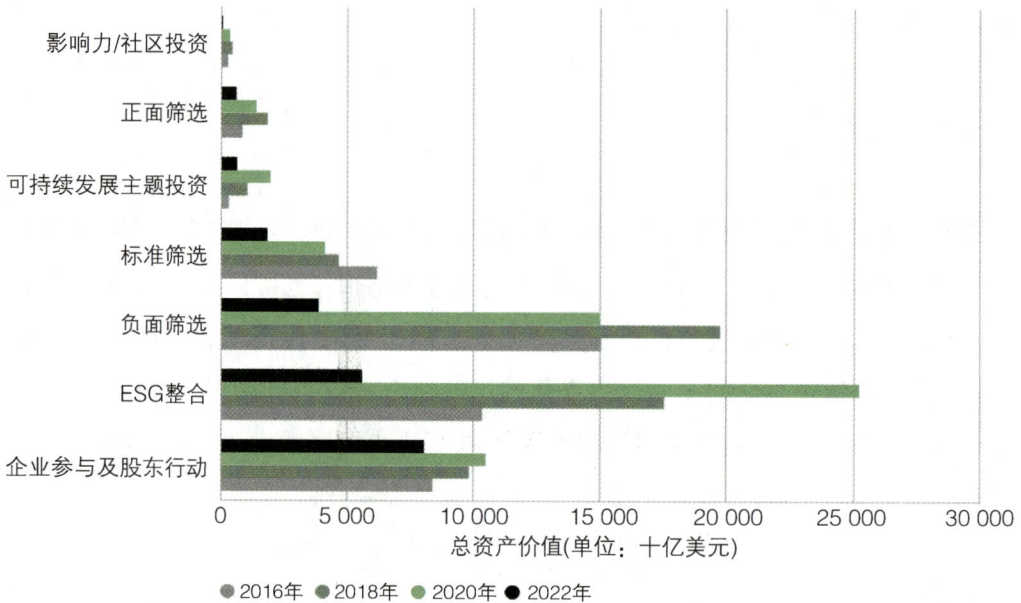

图 6-1   ESG 七种投资策略(2016—2022)

资料来源:Global Sustainable Investment Alliance (GSIA). Global Sustainable Investment Review 2022 [R]. 2023:13.

第二节   社会责任投资和绿色金融

在当今全球化和可持续发展的大背景下,ESG 投资、社会责任投资和绿色金融构成了推动企业责任和环境保护的三大支柱。ESG 投资作为一种非财务指标的综合投资策略,涵盖环境、社会和公司治理三个核心维度,旨在通过投资决策促进企业的可持续发展和社会的整体福祉。社会责任投资作为 ESG 投资的前身,侧重评估企业在社会责任方面的表现,包括劳工标准、社区参与、消费者权益等。SRI 的发展为 ESG

投资的形成提供了坚实的基础,强调了投资者在推动社会正义和道德标准方面的作用。绿色金融则专注于支持环境友好型项目和企业,以应对气候变化和促进环境保护。它通过为清洁能源、绿色交通、可持续农业等项目提供资金,直接促进了环境的可持续性。

这三种投资理念虽然各有侧重点,但它们共同构成了一个互相支持和补充的体系,共同推动了金融市场和企业界对可持续发展目标的响应。随着全球对环境保护和社会责任的日益重视,ESG 投资、社会责任投资和绿色金融之间的关系变得越来越紧密,它们正共同塑造着一个更加可持续和负责任的未来。

一、社会责任投资

社会责任投资是一种投资策略,它不仅考虑资产可能获得的经济回报,还考虑投资对环境、伦理或社会变化的影响。社会责任投资的概念强调在投资决策中融入对社会和环境责任的考量,以促进可持续发展和改善社会福祉。社会责任投资的核心在于识别和选择那些符合特定社会、环境和企业治理标准的企业进行投资。投资者通过这种方式支持那些对社会有积极影响的公司,同时避免投资于那些涉及负面社会影响或环境损害的行业和企业。

社会责任投资的起源可以追溯到 18 世纪,当时宗教团体基于信仰原则,开始避免投资于与他们的道德信念相违背的行业,如酒精、赌博和烟草行业。这一时期,宗教团体认为投资决策不仅关乎经济利益,更应与他们的道德和伦理标准一致。因此,他们采取了一种排除性筛选策略,排除那些与宗教教义冲突的行业,以确保资本的使用不会助长他们认为不道德的活动。宗教信仰在投资决策中起到了决定性作用,为后来社会责任投资的发展奠定了基础。

进入 20 世纪 60—80 年代,社会责任投资随着一系列社会变革运动的兴起而发展,这些运动对社会责任投资的理念产生了深远的影响。反战、人权运动和环保运动的浪潮推动了投资者对社会责任的重视。特别是在反对南非种族隔离制度的运动中,许多投资者选择撤资以表达他们的立场,这一行动成为社会责任投资历史上的一个重要里程碑。

(1)反战运动。在越南战争期间,许多投资者和机构开始反思他们投资的道德含义。他们通过撤资或拒绝投资于与战争有关的企业(如军事承包商),表达他们对战争的反对。

（2）人权运动。随着美国民权运动的兴起，投资者开始关注企业在人权方面的表现。企业在招聘、晋升、薪酬等方面的平等机会政策成为投资者考虑的因素之一。

（3）环保运动。随着公众环境保护和自然资源保护意识的提高，环保运动推动了投资者对企业环境责任的关注。投资者开始寻求那些采取可持续实践、减少污染和保护生态系统的企业。

（4）反对南非种族隔离制度的运动。这一运动是社会责任投资历史上的一个转折点。在 20 世纪 80 年代，全球范围内的投资者和机构响应了反对种族隔离的呼声，通过撤资来施加压力。他们出售了在南非运营的公司的股票和债券，以此抗议该国政府的种族隔离政策。这一运动不仅对南非政府施加了经济压力，也促进了社会责任投资理念被广泛接受。

这些运动表明，投资者开始意识到他们的资金可以用于推动社会变革，并在投资决策中考虑道德和社会标准。随着时间的推移，社会责任投资逐渐从宗教和伦理基础扩展到更为广泛的社会和环境议题①。投资者开始关注企业在环境保护、劳工权益、性别平等、社区发展等方面的表现。这种转变反映了社会对企业责任和可持续发展的日益关注，相关原则也逐渐融入社会责任投资的实践，形成了现代 ESG 投资的基础。社会责任投资不再仅仅是避免投资于某些行业，而是积极寻找那些在环境、社会和治理方面表现出色的企业进行投资。

进入 21 世纪，社会责任投资的发展和普及得到了显著推动，这主要得益于联合国提出的一系列国际倡议，尤其是可持续发展目标提出和《巴黎协定》的签署。这些倡议不仅为全球范围内的社会责任投资提供了明确的指导和框架，而且强化了投资者对企业长期可持续性重要性的认识。

2015 年，联合国推出了 17 项可持续发展目标，这些目标旨在解决从贫困、不平等到气候变化等全球性问题。可持续发展目标的提出促使投资者更加关注企业在社会和环境方面的表现，以及这些表现如何与企业的长期成功和对社会的贡献相关联。

---

① 中国人民大学中国普惠金融研究院. 社会责任投资的实践与前景——从边缘到主流［EB/OL］.（2021-12-13）［2024-05-06］. https://en. cafi. org. cn/upload/portal/20221222/7a2ed12b454cf973f93cbbba0939f56b. pdf.

作为全球应对气候变化的重要协议,《巴黎协定》于 2015 年 12 月 12 日在法国巴黎举行的联合国气候变化大会上通过,并在 2016 年 4 月 22 日由包括美国、中国在内的 175 个国家在纽约联合国总部正式签署。协定的主要目标是将全球平均气温的升高控制在工业化前水平以上 2℃ 以内,并努力将温度增幅限制在 1.5℃ 以内。《巴黎协定》鼓励各国减少温室气体排放,并向低碳经济转型。投资者开始重视企业的气候行动和环境策略,寻求那些致力于减少环境足迹和促进可持续发展的企业进行投资。投资者越来越意识到,企业的环境和社会表现与长期财务绩效息息相关。良好的 ESG 表现不仅有助于企业建立积极的品牌形象,还能够吸引更多的投资,降低融资成本,并提高企业的市场竞争力。

如今,社会责任投资已经成为全球投资领域的一个重要组成部分。许多投资机构和个人投资者都在其投资决策中融入了社会责任投资的原则。他们通过选择那些在 ESG 方面表现优秀的企业进行投资,希望实现财务回报和社会责任的双重目标。随着 ESG 投资理念的兴起,SRI 的概念和实践也在不断扩展和深化。ESG 投资不仅关注企业的社会责任,还强调企业治理和透明度的重要性。这种全面的投资策略有助于推动企业和社会向更可持续和公正的方向发展,为解决全球性的环境和社会问题贡献力量。

SRI 的发展反映了社会价值观的演变和投资实践的进步。从 18 世纪的宗教团体到今天的全球投资者,社会责任投资已经成为推动可持续发展的重要力量,它将继续在全球投资领域中发挥重要作用,为建设一个更加美好的世界做出贡献。

在当今的投资领域,社会责任投资与 ESG 投资正逐渐成为主流趋势,它们共同倡导在追求财务回报的同时,考虑企业在环境、社会和公司治理方面的表现。尽管社会责任投资和 ESG 投资在起源、策略和焦点上有所区别(社会责任投资更侧重道德和伦理标准,而 ESG 投资则从投资者的立场出发,综合考量环境、社会和公司治理因素对投资决策的影响),但这两种投资方式都致力于推动企业实现可持续发展目标,强调非财务因素在投资分析中的重要性(见表 6-2)。随着全球对可持续性的重视日益增加,社会责任投资和 ESG 投资不仅在理念上相互融合,而且在实践中也越来越受到投资者、企业和监管机构的广泛认可和支持。

表 6-2   社会责任投资和 ESG 投资的对比

	对 比	社会责任投资	ESG 投资
区别	投资立场	起源于道德和伦理考量,投资者避免投资于与个人价值观相违背的行业,如烟草、赌博等	更侧重从投资者的立场出发,考虑环境、社会和公司治理因素对投资回报的潜在影响
	投资策略	投资策略通常包括负面筛选,即排除某些行业或不符合特定标准的公司	投资策略更为广泛,除了负面筛选,还包括正面筛选、ESG 整合、主题投资等多种策略
	关注焦点	关注点可能更偏向社会和伦理问题,如劳工权益、社区影响等	关注点包括环境影响、社会责任和公司治理三个维度,覆盖面更广
共性	共同目标	无论是社会责任投资还是 ESG 投资,都旨在推动企业在经济、环境和社会方面实现可持续发展	
	投资决策	两者都将非财务因素纳入投资决策过程,以期实现长期的投资价值	
	信息披露	社会责任投资和 ESG 投资都依赖于企业在社会责任和治理方面的信息披露,以便投资者做出更明智的投资选择	
	发展演变	ESG 投资在某种程度上由社会责任投资发展而来,ESG 投资理念的形成吸收了社会责任投资的一些核心原则和实践	
	市场接受度	随着全球对可持续发展目标的重视,社会责任投资和 ESG 投资都得到了越来越多的市场接受和支持	
	政策和法规	在可持续发展逐渐成为全球共识的背景下,社会责任投资和 ESG 投资正获得越来越多的政策支持和法规保障	

二、绿色金融

绿色金融作为推动全球可持续发展的重要力量,正日益受到国际社会的广泛关注。它不仅代表了一种全新的金融理念,更是实现经济、环境与社会协调发展的关键途径。绿色金融的核心在于动员和引导资金流向环保、节能、清洁能源等绿色产业,以及支持气候变化适应和减缓措施[1]。绿色金融工具作为绿色金融体系中的重要组

---

[1] 国务院办公厅. 新时代的中国绿色发展[R/OL]. 2023. http://www.eesia.cn/upload/files/2023/11/d8808b61e2486e.pdf.

成部分,则提供了多样化的产品和服务,使得投资者能够根据其环境效益、社会效益和经济效益进行选择。这些工具包括绿色信贷、绿色债券、绿色基金、绿色保险等,每一种工具都有其独特的功能和作用,共同构成了支持绿色发展的金融生态。通过这些工具的应用,绿色金融能够有效促进资源的优化配置,加速绿色技术和项目的创新与实施,为构建可持续的未来贡献力量。

绿色金融工具旨在为环保项目和可持续发展活动提供资金支持,从而促进环境改善、气候变化应对和资源节约高效利用。这些工具专注于资助那些能够减少温室气体排放、促进资源效率、保护生物多样性和推动社会福祉的项目。绿色金融工具不仅是推动 ESG 发展的重要工具,也是实现高质量发展和可持续发展目标的关键金融手段,它与 ESG 投资的结合为投资者提供了一种既能实现财务回报又能贡献社会和环境价值的途径。通过绿色金融工具,金融机构能够引导资本流向那些对环境和社会有积极影响的项目,这不仅有助于实现环境目标,也支持了社会责任和良好治理的实践。这些工具的运用能够提高对可持续发展和长期市场竞争力企业的识别能力,挖掘市场机遇,并帮助企业从多层次全生态的角度思考,捕捉新经济环境下的高质量发展动力。

绿色金融工具的运用还能增强企业的融资能力、降低融资成本、提升企业价值,同时为投资者提供增加长期投资回报和规避投资风险的机会。随着 ESG 投资理念的深入人心和政策支持的加强,绿色金融工具在 ESG 发展中的作用日益凸显,成为推动经济向更加可持续和环境友好方向发展的重要力量。

常见的绿色金融工具有以下 12 种。

(1)绿色信贷。银行和其他金融机构提供的贷款,专门用于资助环保项目,如可再生能源、能效提升、清洁交通等。

(2)绿色债券。一种债务工具,其收益专门用于资助具有环境效益的项目,如减少污染、保护生态系统或促进可持续发展。

(3)绿色基金。包括公募基金和私募基金,专注于投资绿色项目和企业,如清洁能源、绿色建筑和可持续农业。

(4)绿色保险。为环境风险提供保险,如环境污染责任保险,以及与气候变化相关的保险产品。

(5)碳金融产品。围绕碳排放权交易市场构建的金融产品,如碳远期、碳期权、碳信用。

（6）绿色资产证券化。将绿色资产打包并转换为可在资本市场上交易的证券。

（7）绿色信托。信托公司提供的服务，通过信托结构为绿色项目提供资金。

（8）绿色股权。投资者购买绿色企业股份，直接投资于环保项目和可持续发展企业。

（9）环境权益交易。涉及污染物排放权的交易，鼓励企业减少污染排放。

（10）绿色 PPP。公私合作伙伴关系，共同投资于绿色基础设施和公共服务项目。

（11）可持续发展目标债券。与联合国可持续发展目标相关的债券，资助实现这些目标的项目。

（12）转型金融。支持企业或行业从高碳排放向低碳或零碳排放转型的金融产品。

绿色金融在中国的发展是响应国家绿色发展战略的重要举措，体现了中国对环境保护和可持续发展的坚定承诺。党的二十大报告指出，推动经济社会发展绿色化、低碳化是实现高质量发展的关键环节，特别指出要推动制造业高端化、智能化、绿色化发展，强调绿色环保是中国经济新的增长引擎之一。2023 年年末召开的中央金融工作会议明确将绿色金融作为建设金融强国的"五篇大文章"之一，通过优化资金供给结构，把更多金融资源用于促进科技创新、先进制造、绿色发展和中小微企业。

自 2016 年国务院发布《推进普惠金融发展规划（2016—2020 年）》和中国人民银行等发布《关于构建绿色金融体系的指导意见》以来，中国绿色金融政策体系逐步成熟，成为国家战略体系的一部分。中国绿色金融蓬勃发展，为相关领域资金需求和资源优化配置提供了重要支撑。2022 年，中国银保监会发布《银行业保险业绿色金融指引》，在 2012 年《绿色信贷指引》的基础上将公司治理的因素纳入绿色金融考量标准，首次全面提出金融机构的 ESG 要求，对银行业、保险业、绿色金融发展提出了系统全面的要求，加强了绿色金融监管，推动了银保机构自身及利益相关方的高质量、可持续发展。2024 年，中国人民银行联合国家发展改革委、工业和信息化部、财政部、生态环境部、金融监管总局和中国证监会《关于进一步强化金融支持绿色低碳发展的指导意见》，进一步促进和规范绿色金融产品与市场发展。

2023 年，六大国有银行（中国工商银行、中国农业银行、中国银行、中国建设银行、交通银行和中国邮政储蓄银行）的年报以及 ESG 报告显示，截至 2023 年年末，六大行的绿色信贷规模已经达到了 17.90 万亿元，同比增幅超 42.63%。六大行在绿色金融领域持续发挥引领作用,通过不断创新的金融产品和服务,为绿色产业的蓬勃发展注入了强劲动力。中国工商银行通过信贷、债券、股权、租赁、基金等多种方式,构建多元化绿色金融服务体系,创新推出 ESG 主题理财产品,发行多只投向生态环境、ESG、碳中和等领域的绿色基金产品。中国农业银行推出绿色普惠贷、海洋牧场贷、和美乡村贷等区域特色产品,推广乡村人居环境贷、绿水青山贷、生态共富贷、森(竹)林碳汇贷等产品。2023 年,中国邮政储蓄银行也成功实现全国首笔"碳减排支持工具+可持续发展挂钩+数字人民币"贷款场景业务,发行首单同时贴标碳中和、乡村振兴、革命老区三个标识的绿色资产支持票据。

　　我国还积极推动绿色金融标准体系的建设,包括统一绿色债券募集资金用途、信息披露和监管要求,提升了金融机构碳核算的规范性、权威性和透明度。2022 年,中国证监会发布的金融行业标准《碳金融产品》(JR/T 0244 - 2022)对碳金融产品进行分类,并制定了具体实施要求,为市场参与者提供了参考。地方绿色金融发展也呈活跃态势,多个省(区、市)发布了绿色金融政策,并有市(区)进行气候投融资试点,试点地方积极参与全国碳市场建设,研究和推动碳金融产品的开发与对接,探索与实践绿色金融的创新路径。2024 年中国人民银行联合六部门发布《关于进一步强化金融支持绿色低碳发展的指导意见》明确提出:未来五年,国际领先的金融支持绿色低碳发展体系基本构建;到 2035 年,金融支持绿色低碳发展的标准体系和政策支持体系更加成熟。具体如表 6-3 所示。

表 6-3　国家绿色金融政策措施

领　　域	措　　施
绿色金融标准体系建设	2016 年,中国人民银行等发布《关于构建绿色金融体系的指导意见》,致力于构建绿色金融标准体系,包括绿色信贷、绿色债券、绿色基金等,以确保绿色金融活动与国家绿色发展战略一致
绿色金融改革创新试验区	2017 年以来,国务院批准七省(区)十地开展绿色金融改革创新试验,积累了可推广、可复制的地方经验
《绿色债券支持项目目录(2021 年版)》	为规范绿色债券市场,2021 年,中国发布了《绿色债券支持项目目录(2021 年版)》,统一了境内市场绿色债券认定标准
碳减排支持工具	2021 年 11 月,中国人民银行创设推出碳减排支持工具,向金融机构提供低成本资金,支持清洁能源、节能环保、碳减排技术等重点领域的发展

续　表

领　域	措　施
《中国绿色债券原则》	2022 年 7 月,绿色债券标准委员会发布了《中国绿色债券原则》,建立起国内统一、国际接轨的中国特色绿色债券标准
碳金融产品国家标准	2022 年,广州碳排放权交易中心和北京绿色交易所共同牵头编制《碳金融产品》,成为首份碳金融领域的国家行业标准
气候投融资试点	2022 年,生态环境部等部委确定了 23 个地区为气候投融资试点,推动相关政策标准支持碳减排
绿色信贷	2022 年 8 月,中国农业银行昆明分行为绿色清洁能源项目建设方提供了 4.5 亿元的项目融资授信,发放了首笔 8 212 万元的贷款,推动绿色信贷业务发展

绿色金融及绿色金融工具的不断发展和创新为中国经济社会全面绿色低碳转型提供了有力支持,也为实现碳达峰、碳中和目标贡献了重要力量。随着中国绿色金融市场的不断成熟和政策环境的持续优化,预计未来将会出现更多创新的绿色金融工具,满足国家绿色发展的需求,并为全球可持续发展做出贡献。

ESG 投资的核心在于整合环境、社会和公司治理三方面因素,以促进企业和社会的长期可持续发展。它不仅关注企业的财务表现,更重视企业在环境保护、社会责任履行和治理透明度方面的实践。ESG 投资原则鼓励投资者识别和评估企业在这些领域的风险与机遇,推动企业采取负责任的行动,如减少温室气体排放、改善员工福利、反对腐败和提高透明度,从而构建更加公正和包容的社会。

展望未来,ESG 投资预计将持续增长并进一步融入主流投资实践。随着全球对环境和社会问题的日益关注,以及政策和法规的支持,ESG 投资原则正逐渐成为投资界的共识。投资者、企业和监管机构的广泛认可和支持将推动资本流向那些对社会和环境产生积极影响的企业。此外,随着绿色金融工具的创新发展和 ESG 评价体系的完善,ESG 投资将为企业实现可持续发展目标提供资金支持,并给投资者带来增加长期投资回报的机会。

第七章

ESG 传播

第一节　ESG 传播的概念与重要性

　　在当今这个全球化和信息化飞速发展的时代,ESG 传播已经迅速成长为企业与各利益相关方沟通的关键渠道。它不仅塑造企业形象和提升品牌价值,更是推动社会向可持续发展转型的重要动力。本章将深入剖析 ESG 传播的内涵、其在现代社会的重要性,以及在中国特有的社会文化和市场环境中的实践与创新路径。通过深入分析国际经验与本土实践的结合,本章旨在为读者提供构建和优化 ESG 传播策略的方法,鼓励学生深入探索和创新,发展适合中国特色的 ESG 传播方法,构建一个既与国际标准接轨又符合中国特色的 ESG 评估体系。我们也致力于启发学生的批判性思维和跨文化交流能力,以促进 ESG 理念在全球范围内的广泛交流与实践。

　　通过本章的学习,读者将能够更加深入地理解 ESG 传播的力量,掌握其核心要素,并学会如何有效地将这些原则应用于实际的沟通和传播活动,为企业和整个社会的可持续发展做出积极贡献。

一、ESG 传播的概念和现状

　　ESG 传播是随着对企业社会责任和可持续发展的关注增加而逐渐形成的一个专业领域。ESG 传播指的是企业在环境、社会和公司治理方面的信息和理念的传递过程。它涵盖了企业如何通过各种渠道向内外部利益相关方传达其在可持续发展方面的努力和成就。当前,与可持续发展相关的传播实践和研究也日益增多。ESG 传播可以被视为企业传播、公共关系、市场营销以及社会责任等学科的交叉领域。它关注如何有效地传递企业在环境保护、社会责任和良好治理方面的信息,以及如何在各利益相关方之间建立信任和沟通。

　　ESG 传播的兴起是众多因素汇聚而成的结果,它映射了社会价值观的重大转变,并彰显了企业、投资者、媒体及行业组织在推进可持续发展议程上的集体努力。这一转变揭示了全球对环境、社会责任和治理议题的深刻关注,并强调了 ESG 因素在企

业战略和运营中的重要性。随着国际社会对可持续发展目标的重视日益加深,ESG
传播预计在未来将扮演更加关键的角色。它将成为连接企业实践与社会期望的桥
梁,促进各方在环境保护、社会责任和治理透明度方面的深入交流与合作。ESG 传播
的加强将有助于构建一个更加公正、包容和可持续的全球经济体系,为实现长期的环
境和社会福祉贡献力量。

ESG 传播的兴起的背景主要包括五个方面。

（1）公众意识的觉醒。公众对环境、社会责任、公司治理等问题的关注不断提
升。人们期望企业在这些领域展现出积极作为,从而催生了对相关信息传播的迫切
需求。

（2）可持续发展的全球共识。可持续发展理念已经在全球范围内成为共识。企
业为了获得更广泛的认可,并展示自身在推动可持续发展方面的努力与成就,积极推
动 ESG 相关内容的传播。

（3）投资者需求与政策引导。投资者对 ESG 因素的重视不断增强。企业为了吸
引投资者的关注和资本,主动传播自身的 ESG 绩效和战略。部分国家和地区已经出
台了要求或鼓励企业披露 ESG 信息的政策,进一步推动了 ESG 传播的发展。

（4）市场竞争与媒体关注。在市场竞争日益激烈的背景下,表现良好的 ESG 企
业期望通过传播来突出自身优势、增强市场竞争力。媒体对 ESG 话题的兴趣增加,
使得企业的 ESG 实践得到了更广泛的报道,为 ESG 传播增添了热度。各类行业组
织也在积极倡导 ESG 理念和实践,通过组织活动和传播相关信息,为 ESG 传播贡献
力量。

（5）全球挑战下的企业发展。面对气候变化等全球性挑战,企业需要向外界展
示其应对措施和责任担当,这使得传播相关内容成为一种必然趋势。

尽管 ESG 传播是一个较新的专业领域,但其背后的理念和实践已有一定基础。
随着全球对可持续发展目标的追求,ESG 传播的重要性和影响力预计将持续增长。
学术界和企业界都在积极探索如何更好地整合 ESG 原则,并将其纳入组织的核心战
略和沟通活动。目前,我国 ESG 传播发展迅速,企业、社会、大众等各界对 ESG 的关
注度持续攀升。例如,腾讯、阿里巴巴等众多企业都积极开展 ESG 相关实践并进行
广泛传播,企业不仅积极披露 ESG 信息,还开展各类宣传展示活动,传递企业 ESG 实
践的成果和决心(见表 7-1)。

表 7-1　ESG 传播的实践案例

实践案例	案例描述
A 股上市公司 ESG 最佳实践案例	2022 年 12 月,中国上市公司协会发布了 A 股上市公司 ESG 最佳实践案例,展示了上市公司在立足基本国情的同时注重与国际接轨的 ESG 实践经验,特别是在环境方面,如聚焦"双碳"目标、循环经济、气候变化等议题
福布斯中国年度 ESG 启发案例	2023 年 3 月,福布斯中国发布的年度 ESG 启发案例从 100 余家行业领先企业中遴选出 20 家,这些案例公司在 ESG 实践中具有参考意义,展示了企业如何将 ESG 理念融入其战略和运营
中国行动派·ESG 传播大奖	2023 年 7 月,中国行动派·ESG 传播大奖揭晓了一系列获奖案例,这些案例涵盖了新闻报道、案例分析、年度贡献机构和个人等多个方面
上市公司 ESG 实践优秀案例	2023 年 10 月首届上市公司 ESG 管理体系大会上,35 家企业因其在 ESG 实践不同维度中的成效而入选优秀案例。这些企业包括联美控股、海油发展、中红医疗等,涉及环境保护、社会责任、公司治理等多个方面
ESG 中国论坛创新年会	2023 年 10 月,ESG 中国论坛创新年会展示了 ESG 卓越实践案例,这些案例在 ESG 管理方面呈现共性特征,包括与国家战略同频共振、主动响应国家战略目标等
新浪财经 ESG 评级中心	2024 年 2 月,新浪财经频道特别设立 ESG 评级中心提供多种资讯,包括资讯、报告、培训、咨询等,旨在助力上市公司传播 ESG 理念,提升 ESG 可持续发展表现

二、ESG 传播策略与渠道

ESG 传播策略是企业在环境、社会和治理方面展现其责任和绩效的关键行动计划。它涉及明确的目标设定、深入的利益相关方洞察、精心设计的内容创作、多渠道的信息传播、双向的互动参与、坚守的透明度原则、定期的监测评估、严格的合规性检查、长远的战略规划以及创新技术的融合应用。通过这一策略,企业不仅能够建立和维护一个积极的品牌形象,还能够促进与各利益相关方之间的信任与合作,共同推动可持续发展的长远目标。

ESG 传播策略流程如图 7-1 所示,这个流程图展示了制定 ESG 传播策略的关键步骤,构成了一个策略规划与执行的基本闭环。

ESG 传播策略始于明确的目标设定,随后依次经过对利益相关方的深入理解、精心制定内容策略、精选传播渠道、激发互动与参与,进而确保信息透明度、进行监测与

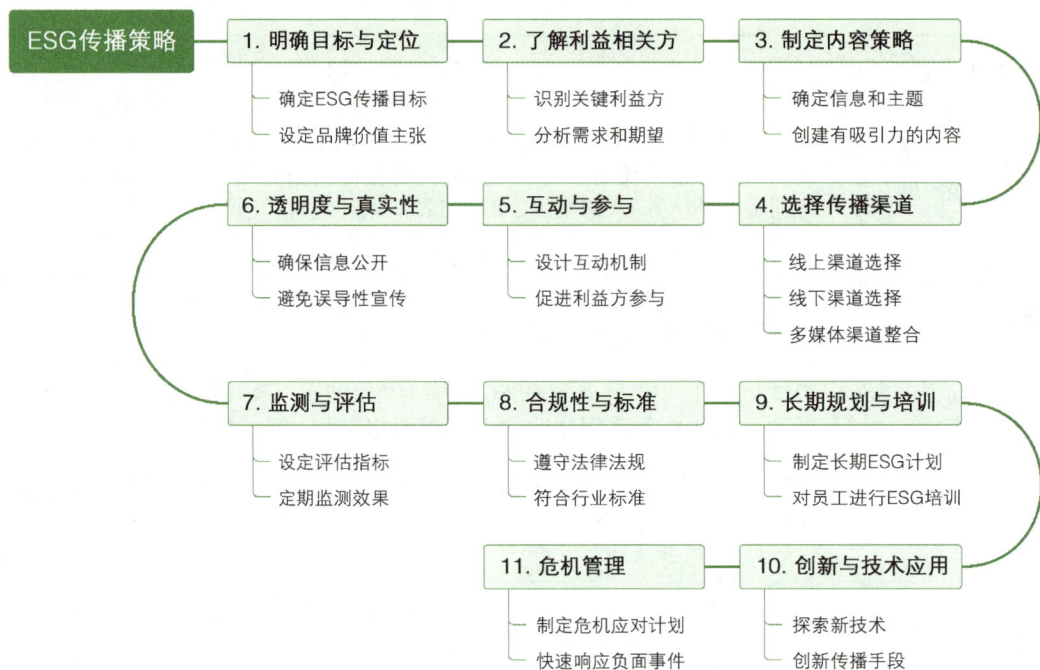

图 7-1   ESG 传播策略

评估、坚守合规性、制定长期规划以及采纳创新技术。最终,通过纳入危机管理,确保策略的全面性和应变能力,形成一个闭环系统,使得 ESG 传播策略既连贯又具有适应性。

在当今数字化和全球化的时代背景下,ESG 传播渠道的多样化和创新对于企业展示其环境、社会和治理绩效至关重要。ESG 传播渠道不仅涉及传统的年报、企业社会责任报告和新闻发布会,更包括网站、社交媒体、移动应用、在线论坛等数字平台。这些渠道使得企业能够更快速、更广泛地与利益相关方进行沟通互动,分享其在可持续发展方面的努力和成就。

随着技术的进步和社交媒体的兴起,ESG 传播已经超越了单向的信息传递,转而采用更加透明和双向的沟通方式。企业可以通过这些渠道收集反馈、参与讨论、响应关切,并建立起更加积极的公众形象。此外,ESG 传播渠道的选择和应用也反映了企业对不同利益相关方需求的理解和尊重,有助于构建和维护企业的社会责任和品牌信誉。

多样化的传播渠道也带来了新的挑战,如信息的一致性、传播的有效性以及与企业整体战略的协调性等问题。因此,企业需要精心策划和执行其 ESG 传播策略,确保通过各种渠道传递的信息准确、及时且具有吸引力。通过有效的 ESG 传播渠道,企业不仅能够提升自身的透明度和责任感,还能够在推动社会可持续发展的同时,实现长期的价值创造和品牌增值。

　　企业 ESG 传播渠道的选择应基于企业的具体情况、目标受众以及所要传达的信息类型。企业可以灵活地选择单一渠道或结合多个渠道进行综合传播,以达到更广泛的影响和更深入的参与。

　　关于如何选择和组合 ESG 传播渠道的考虑因素,可参考五个方面的因素。

　　(1)目标受众分析。了解不同利益相关方的信息获取习惯,根据受众特征选择合适的传播渠道。

　　(2)信息适配性。根据 ESG 信息的性质和目的,选择能够最佳呈现内容的渠道,确保信息传达的有效性。

　　(3)成本与技术的考量。评估各种传播渠道的成本效益和企业的技术运营能力,实现资源的最优配置。

　　(4)创新与互动性。利用新兴技术和社交媒体等渠道的互动性,提高受众参与度和传播效果。

　　(5)持续性与合规性。确保 ESG 传播活动的持续性,同时遵守法律法规,适应不同文化背景,确保信息的准确传达和品牌形象的正面塑造。

　　常见的 ESG 传播渠道如表 7-2 所示。

表 7-2　常见的 ESG 传播渠道

线上渠道	企业外部	社交媒体	微博、微信、脸谱网(Facebook)、推特(Twitter)、领英(LinkedIn)、照片墙(Instagram)等
		官方网站和博客	发布 ESG 报告、新闻稿、案例研究等
		在线论坛和社区	参与或主办在线讨论,与公众互动
		电子邮件	定期向订阅者发送 ESG 相关的更新和信息
		网络研讨会、直播	举办或参与在线研讨会和直播活动
		数字广告	在网络平台上投放与 ESG 课题相关的广告
	企业内部	内部网站和平台	供员工访问的内部新闻、政策和指南
		员工在线培训	通过在线课程和培训模块加强员工对 ESG 的认识
		内部通信系统	使用电子邮件、即时消息等工具进行内部沟通

续　表

线下渠道	企业外部	印刷出版物	年报、可持续性报告、行业杂志等
		行业会议和论坛	参加或主办与 ESG 相关的会议和论坛
		展览会和博览会	展示企业 ESG 实践和成就
		新闻发布会	举行或参与媒体发布会
		社区活动和公开讲座	参与社区活动，举办公开讲座和研讨会
		产品包装和标签	在产品包装上展示 ESG 信息
	企业内部	员工各类会议	面对面的员工会议和讨论
		内部培训和研讨会	组织 ESG 相关的内部培训和研讨会
		公告板和内部杂志	在办公场所设置公告板，发布内部杂志

企业可以根据自身的资源配置、既定目标以及目标受众的特点，挑选最为适宜的 ESG 传播渠道。通过这样的策略选择，企业能够高效地传递其在环境保护、社会责任、公司治理等领域的实践成果和坚定承诺，从而在利益相关方中建立起信任并提升品牌形象。

三、ESG 传播的重要意义

ESG 传播是企业战略实践的关键工具，它的重要性在多个维度上得到体现。它不仅帮助企业在资本市场上提高吸引力，促进品牌价值的提升，还通过风险管理和创新驱动，支持企业在社会责任和环境保护方面的积极影响，实现长期可持续发展。ESG 传播增强了企业的透明度和合规性，加强了与利益相关方的沟通与合作，同时培养了具有责任感和领导力的人才。随着全球对可持续发展的重视不断加深，ESG 传播预计将在未来发挥更加关键的作用，帮助企业在全球市场中建立积极形象、吸引投资，并推动社会和环境的积极变革，为企业的长期成功打下坚实基础。

ESG 传播对企业发展的意义主要包括五个方面。

（1）品牌形象与市场认可。企业通过 ESG 传播能够塑造和提升积极的品牌形象，向公众传达其对社会责任和可持续发展的承诺。这种正面形象有助于提高市场认可度,吸引消费者和合作伙伴,从而在竞争激烈的市场中获得优势。

(2)投资者关系与资本吸引。ESG传播对于建立和维护良好的投资者关系至关重要。它增强了投资者对企业长期价值和风险管理能力的信心,吸引长期资本投资、降低融资成本,同时提高企业在资本市场的吸引力。

(3)风险识别与管理。通过透明的ESG信息披露,企业可以更有效地识别和管理与环境、社会和治理相关的风险。这有助于企业预防潜在的负面影响、制定应对策略,确保业务的稳健运营和长期发展。

(4)利益相关方沟通与关系建设。ESG传播是企业与各利益相关方沟通的桥梁,包括投资者、员工、客户、供应商、社区等。通过有效的沟通,企业能够理解并满足利益相关方的期望,建立信任、促进合作,共同推动企业和社会的可持续发展。

(5)文化塑造与竞争优势。ESG传播有助于企业内部文化的塑造,强化员工对企业价值观和使命的认同。这种文化的力量能够提升员工的工作满意度和忠诚度。同时,在外部市场中,良好的ESG表现成为企业获得竞争优势的重要因素,得以吸引更多的客户和合作伙伴。

在全球化的大背景下,ESG传播对于中国而言,不仅是推动国内企业可持续发展的重要工具,更是提升中国在国际舞台上话语权的关键途径。通过有效的ESG传播,中国企业能够更好地展示其对环境保护、社会责任和治理结构的重视,这些实践与成就的传播有助于树立中国企业负责任的国际形象,增强其全球竞争力。

ESG传播助力中国企业发展主要表现在五个方面。

(1)促进可持续发展与政策对接。ESG传播支持中国企业实现环境友好、社会责任和良好治理的可持续发展目标,与国家的生态文明建设和"双碳"目标等政策方向相契合,助力企业与国家战略同步发展。

(2)提升国际形象与话语权。通过有效的ESG传播,中国企业能在全球可持续发展领域展现领导力,提升中国在全球ESG标准制定中的话语权,增强国际社会对中国企业的认可和信任。

(3)增强企业责任与公众意识。ESG传播强化了企业对社会责任的认识,鼓励企业在环境保护和社会责任方面做出积极贡献,同时提高公众对可持续发展议题的意识和参与度。

(4)吸引投资与促进经济发展。良好的ESG表现和传播有助于中国企业吸引国内外投资,降低融资成本,增强企业在资本市场的吸引力,推动经济的高质量发展。

（5）构建与监督中国特色 ESG 体系。中国正在构建符合国情的 ESG 评价体系，通过 ESG 传播可以监督和改进企业实践，培养专业人才，同时向世界传递中国可持续发展的理念和实践，展现中国在全球可持续发展中的贡献。

随着中国在 ESG 领域的积极探索和实践，中国有机会在全球 ESG 标准制定中发挥更大的影响力，贡献中国智慧和中国方案。这不仅能够促进国际社会对中国发展模式的理解和认同，也能为中国企业在海外市场的拓展和国际合作中赢得更多的尊重和支持。因此，对于中国来说，加强 ESG 传播是实现可持续发展目标、提升国际话语权、构建人类命运共同体的重要战略举措。

第二节　ESG 传播的中国界定与目标

在中国，ESG 传播正处在一个蓬勃发展的阶段，各种会议、活动层出不穷（见图7-2）旨在通过提升公众意识、塑造企业形象、推动政策发展、加强行业标准化、应对全球挑战、鼓励创新与技术应用，以及促进国际合作与交流，推动可持续发展和社会责任。这一传播活动不仅加强了企业在环境保护、社会责任和治理透明度方面的承诺，而且通过构建一个多方参与的生态系统，提升了整个社会对 ESG 重要性的认识，为实现国家的长期经济、环境和社会目标贡献了积极力量。

一、ESG 传播的全球语境与中国挑战

在全球化的今天，ESG 传播已成为连接不同国家、文化和市场的桥梁，其全球语境强调了跨国界的合作与交流在推动企业可持续发展中的重要性。随着 ESG 逐渐成为全球共识，企业不仅要在本土市场上展示其对可持续发展的承诺，还要在国际舞台上展现其全球责任。这一过程不仅要求企业遵循国际标准，同时也需要考虑到本土文化和价值观的特殊性，确保 ESG 实践既具有全球视野，又能够落地生根。在这样的背景下，ESG 传播的全球语境为中国等发展中国家提供了展示其在可持续发展方面成就的平台，同时也带来了在国际标准与本土实践之间寻找平衡的挑战。通过有效的 ESG 传播，中国企业不仅可以提升自身的国际形象，还能够在全球可持续发展

图 7-2　中国品牌全球行与 ESG 可持续发展大会

资料来源：中国品牌全球行与 ESG 可持续发展会议. ESG 概念走过 20 年：专家纵论中国品牌全球行与 ESG 可持续发展之道［EB/OL］．（2024-05-15）［2024-05-30］．https://cn. ceibs. edu/media/news/events-visits/25040.

议程中发挥更大的影响力。

在当前全球经济形势严峻的大环境下，ESG 传播面临着一系列挑战，这些挑战对企业、政府、投资者乃至整个社会的可持续发展目标构成了考验。资源和投资的缩减、政策与监管的变动、市场关注度的转移、企业经营策略的调整、信息披露难度的增加、社会责任实践复杂性的提升，以及长期规划的不确定性，都是 ESG 传播需要克服的难题。应对这些挑战需要跨部门的合作与创新思维，确保即使在经济困难时期，ESG 传播和实践也能得到有效的支持和推进，确保 ESG 传播能够在逆境中继续推动社会向更加可持续的未来发展。

ESG 传播面临的挑战主要包括七个方面。

（1）资源与投资受限。企业和政府可能因经济压力而减少对 ESG 项目和传播活动的资源分配。同时，投资者可能更偏向于短期回报，影响长期可持续发展目标的投入。

（2）政策与监管变动。经济困难可能引起政策制定的变化，导致对 ESG 相关的政策支持和监管力度减弱，影响 ESG 标准的执行和推广。

（3）公众与市场关注度变化。经济问题可能使公众和市场更加关注即时的经济问题，减少对 ESG 议题的关注，这对 ESG 信息传播的有效性构成挑战。

（4）企业策略与实践调整。面对经济挑战，企业可能需要调整经营策略，包括减少对 ESG 项目的投入，专注于短期盈利，这可能削弱 ESG 实践的质量。

（5）信息披露与透明度问题。经济困难时期，企业维持高标准的信息披露和透明度可能变得更加困难，影响 ESG 传播的质量和可信度。

（6）社会责任与利益相关方期望。经济困难可能导致就业机会减少，影响企业履行社会责任的能力。同时，不同利益相关方可能对企业的 ESG 表现有不同的期望和要求，要求企业灵活调整传播策略。

（7）长期规划的推迟与取消。经济不确定性可能迫使企业推迟或取消一些长期的 ESG 项目和规划，影响 ESG 传播的连贯性和长期效果。

ESG 传播是一个新兴领域，中国在推动其发展的过程中面临很多挑战，需要企业、监管机构、评级机构等各方共同努力，不断完善制度建设，提高信息披露质量，加强人才培养，推动 ESG 投资策略的应用，以促进 ESG 信息披露体系的健康发展。

中国 ESG 传播面临的挑战主要包括五个方面。

（1）标准统一性与披露质量。中国尚未建立统一的 ESG 信息披露标准，导致企业披露的质量和一致性参差不齐。需要制定一套被广泛认可的 ESG 披露框架，以提高信息的可比性和透明度。

（2）专业人才与知识。面对 ESG 领域的跨学科特性，中国企业普遍缺乏专业的 ESG 管理和传播人才，以及对 ESG 深入理解的知识基础，这限制了 ESG 实践和传播的深度与广度。

（3）监管政策与合规要求。随着监管机构对 ESG 信息披露要求的增强，企业必须适应更严格的合规环境。企业需要加强内部管理，确保 ESG 信息披露的准确性和合规性。

（4）文化融合与本土化实践。ESG 传播需要结合中国的文化背景和社会价值观，将国际 ESG 理念与中国实际情况结合，形成具有中国特色的 ESG 传播路径。

（5）国际话语权与评价体系。中国在构建与国际接轨的 ESG 评价体系的同时，需要提升国际话语权，确保中国企业的 ESG 实践能够得到国际社会的认可，并在全球 ESG 发展中发挥更大的影响力。

二、中国式现代化与 ESG 理论创新

在中国共产党成立 100 周年大会上的讲话中,习近平提出了中国式现代化的概念,党的二十大报告在"新时代新征程中国共产党的使命任务"这一部分中指出:"从现在起,中国共产党的中心任务就是团结带领全国各族人民全面建成社会主义现代化强国、实现第二个百年奋斗目标,以中国式现代化全面推进中华民族伟大复兴。"党的二十大报告正式把中国式现代化明确为"新时代新征程中国共产党的使命任务"。中国式现代化是习近平新时代中国特色社会主义思想的重要组成部分。

中国式现代化与 ESG 理论创新紧密相连,共同塑造着中国在全球可持续发展领域的独特路径①。在这一进程中,中国不仅继承和发扬了悠久的文化传统,还积极融入现代发展理念,特别是在环境、社会和公司治理三大领域进行了一系列创新实践。

在环境领域,中国强调绿色发展和生态文明建设,致力于实现碳达峰和碳中和目标,这与 ESG 中对环境保护的关注不谋而合。我国也致力于绿色金融的推广,通过发行绿色债券和设立绿色基金,为中国的环保项目和可持续发展提供了资金支持。财联社与生态环境部环境规划院共同发布了《中国绿色金融实践创新与发展报告:2023》,报告指出我国已经成为全球最大绿色信贷市场、第二大绿色债券市场。央行数据显示,截至 2023 年三季度末,我国绿色贷款余额 28.58 万亿元,同比增长36.8%,居全球首位;同期境内绿色债券市场余额 1.98 万亿元,居全球第二。这都体现了中国在推动 ESG 创新发展中的坚定决心。

在社会领域,中国式现代化倡导以人民为中心的发展思想,追求社会的公平与包容,这与 ESG 理论中提升社会福祉和保障劳工权益的理念相契合。中国企业的社会责任意识也日益增强,许多企业开始将社会责任纳入其核心战略。中国企业通过支持各类教育项目、改善社区基础设施和参与公益慈善活动,展现了对社会贡献的承诺。2024 年,联想集团连续第二年发布《联想集团社会价值报告》,并且首次发布《联想集团 2023 乡村振兴报告》,将"为国家""为环境""为行业""为民生"的社会价值

---

① 尚福林. 构建中国特色 ESG 体系　助力经济高质量发展[EB/OL]. (2022-06-29)[2024-06-12]. http://finance.people.com.cn/n1/2022/0629/c1004-32459894.html.

理念深度融入企业发展战略和经营管理。

公司治理领域则见证了中国在提升企业透明度和加强内部管理方面的努力。政府立法监管部门通过不断完善法律法规和政策体系,强化企业治理和透明度。中国企业也正在逐步采纳国际先进的公司治理标准,如设立独立董事会和实施透明的决策流程,增强企业的治理结构。

在 ESG 理论创新中,应注重本土化实践与全球标准的结合,并积极采用数字化的先进科技,持续不断地探索适合中国国情的可持续发展路径,积极贡献于全球可持续发展目标的实现。中国式现代化与 ESG 理论创新的结合不仅推动了中国社会经济的全面发展,也为全球可持续发展提供了新的思路和实践案例。通过这些创新实践,中国展现了其作为一个负责任大国的形象,并为全球可持续发展目标的实现贡献了自己的力量。

第三节　构建中国特色的 ESG 传播

ESG 传播在中国特色 ESG 实践中扮演着至关重要的角色,它不仅促进了国内外对中国可持续发展努力的认识和理解,还加强了中国在全球 ESG 领域的领导力和影响力。通过有效的 ESG 传播,中国能够展示其在环境保护、社会责任和治理创新方面的成就,同时分享其在推动绿色、循环、低碳发展模式中的经验。这种传播有助于提升中国企业的品牌形象,吸引全球投资者,促进国际合作,共同应对气候变化等全球性挑战。

ESG 传播也是中国企业与国际标准接轨的重要实践途径之一,通过透明的信息披露和国际交流,增强了企业责任和透明度,为国内外利益相关方提供了决策的重要依据。ESG 传播也是推动中国社会进步和文化传承的重要途径,它强调了在现代化进程中保持文化自信和价值观念的重要性。

一、多元主体共同参与

中国特色的 ESG 传播强调了多元主体共同参与的重要性,这一理念深植于中国的社会治理结构和文化传统。在此框架下,政府、企业、非政府组织、教育机构、媒体、公众等各方均被视为推动可持续发展的关键力量(见表 7-3)。通过这种跨界合作,每个主体都能发挥其独特的作用和优势,共同促进环境保护、社会责任和良好治理的实现。

表 7-3 ESG 传播中的多元主体

主体	作用	功能	意义
政府	制定政策、法规,提供指导和激励措施,确保 ESG 实践与国家战略相一致	作为监管者和推动者,政府通过政策引导和行政手段促进 ESG 标准的实施	政府的参与确保了 ESG 传播和实践在全社会范围内的协调性和一致性
企业	ESG 实践的直接执行者,负责实施具体的环境保护、社会责任和治理改进措施	通过自身的运营和供应链管理,企业能够直接影响社会和环境	企业的积极参与有助于推动经济的可持续发展,提升自身的品牌形象和市场竞争力
自律性组织	监督企业行为,倡导政策变革,提高公众对 ESG 议题的意识	作为社会监督的重要力量,自律性组织在提升透明度和促进社会责任方面发挥关键作用	自律性组织的参与有助于保障 ESG 实践的真实性和有效性,确保 ESG 传播的客观性
教育机构	培养 ESG 领域的专业人才,进行相关研究,普及 ESG 知识和理念	教育机构通过教学和研究,为 ESG 实践提供理论支持和人才储备	教育的普及有助于提升整个社会对可持续发展的认识和参与度
媒体	传播 ESG 相关信息,报道优秀实践案例,监督不履行 ESG 责任的行为	作为信息传播的渠道,媒体能够影响公众意见,形成舆论监督	媒体的参与有助于提高 ESG 议题的可见度,促进社会对 ESG 重要性的共识
公众	作为 ESG 实践的受益者和参与者,公众可以通过消费选择和公共参与影响 ESG 实践	公众的参与能够推动企业和政府采取更加负责任的行动	公众的意识和行动是推动社会整体向可持续发展转型的重要力量
投资者	通过投资决策支持 ESG 表现良好的企业,引导资本流向可持续发展领域	投资者通过资本配置,对企业的 ESG 表现产生直接影响	投资者的参与有助于促进企业更加重视长期价值创造和社会责任
国际组织	在全球范围内推广 ESG 理念,提供交流合作平台,分享最佳实践	国际组织通过跨国合作,促进不同国家和地区在 ESG 领域的经验交流	国际组织的参与有助于提升中国在全球 ESG 发展中的影响力和话语权

政府在这一过程中扮演着政策制定者和监管者的角色,通过出台相关法律法规来引导和规范 ESG 实践。企业作为市场经济的主体,承担起履行社会责任、推动绿色发展的重任。非政府组织和社区团体则在倡导、教育和监督方面发挥作用,提升公众对 ESG 议题的认识和参与度。教育机构和媒体则负责传播知识、塑造公众意识,为 ESG 实践提供智力支持和舆论引导。

这种多元主体共同参与的 ESG 传播模式,不仅有助于形成全社会对可持续发展的共识,还能够激发创新和协同效应,推动解决复杂的环境和社会问题。通过这种方式,中国特色的 ESG 传播正逐步构建起一个包容、开放、共享的发展平台,为实现国家的长期可持续发展目标贡献力量。

二、探索创新的传播方法和工具

在数字化时代,探索创新的传播方法和工具对于有效传递 ESG 信息、增强受众参与度以及提升品牌影响力至关重要。随着技术的飞速发展,一系列创新的传播渠道和工具不断涌现,为内容创作者、企业和组织提供了前所未有的机遇。这些工具不仅能够使信息传播更加迅速、广泛,还能够提供更加个性化和互动性强的用户体验。

从社交媒体平台的广泛覆盖到内容管理系统的便捷操作,从大数据和人工智能的深度分析到增强现实和虚拟现实的沉浸式体验,每一种工具都以其独特的方式改变着信息传播的面貌。同时,数字营销工具、互动式数据可视化、云技术、区块链技术等,都在给传播领域带来革命性的变革。

此外,随着移动设备的普及和网络技术的进步,人们对于信息的获取方式和消费习惯也在发生变化。这要求传播者不断学习和适应新的技术和趋势(见表 7-4),以确保他们的信息能够以最合适的方式传达给目标受众。

表 7-4   创新的传播方法和工具

工 具 类 型	具 体 方 法
社交媒体平台	在微博、微信、公众号等社交媒体平台进行内容分享和互动
内容管理系统(CMS)	使用 WordPress、Joomla 等创建和管理网站内容,提高内容发布的效率和质量

续　表

工 具 类 型	具 体 方 法
移动应用程序	开发移动应用程序,为用户提供便捷的信息获取和分享途径
大数据分析	利用大数据工具分析用户行为和偏好,定制个性化的传播策略
人工智能软件	应用人工智能技术,如聊天机器人、智能推荐系统,提供个性化服务和内容推荐
增强现实(AR)和虚拟现实(VR)	通过 AR/VR 技术提供沉浸式体验,增强用户的参与感和体验感
多媒体内容	结合视频、音频、图像、动画等多媒体内容,提高信息的吸引力和传播效果
播客和网络研讨会	制作播客和举办网络研讨会,提供深度内容和实时互动
影响者营销	与行业内的意见领袖和影响者合作,扩大信息传播的范围和影响力
数字营销工具	使用搜索引擎优化、搜索引擎营销、电子邮件营销等数字营销工具提高在线可见度
互动式数据可视化	利用数据可视化工具,如 Tableau、Power BI 等,将复杂数据转换为易于理解的视觉格式

通过这些创新的传播方法和工具,可以有效地提高信息的传播速度、覆盖范围和影响力,同时也为用户提供更加丰富和便捷的信息获取体验。面对这些新的传播方法和工具,我们正在探索和实践适合国情的传播路径。提高 ESG 信息的可访问性和互动性,开发适合中国受众的 ESG 教育和传播材料。

三、构建与国际准则兼容的中国特色 ESG 传播评估体系

在全球化的 ESG 发展趋势不断加强的当下,中国及中国企业正站在获取国际话语权的十字路口。通过 ESG 传播的视角来构建 ESG 标准体系,意味着对现有西方主导的 ESG 话语体系进行重新审视和创新,以形成更符合中国国情的 ESG 标准。这一举措不仅有助于指导中国企业应对国内的环境、社会和公司治理挑战,更为中国在全球 ESG 领域中提升其话语权和影响力提供了支持。2024 年 10 月 16—18 日,以"推动全球 ESG 合作、发展与共赢"为主题的第四届 ESG 全球领导者大会在上海市举办。300 多位专家和学者、国际合作伙伴围绕可持续发展议题深入交流,共同讨论如何推

动全球 ESG 发展。

图 7-3   2024 年 ESG 全球领导者大会

资料来源：2024 年 ESG 全球领导者大会专题官网（https://finance. sina. com. cn/zt_d/esg_global_ leaders_conference_4/#m_part5）。

中国式现代化理念对 ESG 体系的培育意义重大，它突破了仅以经济利益为目标的局限，将 ESG 定位于更广泛的文化、社会和自然环境服务中，特别是强调了实现人民共同富裕的全面目标，彰显了 ESG 在推动环境、社会和公司治理综合绩效方面的价值，指向了可持续的生产和投资方向。

现阶段，中国企业在 ESG 战略的制定和 ESG 信息的公开方面日益活跃，众多机构和部门也开始发布各自的 ESG 报告。在国际舞台上，关于企业 ESG 议题的媒体报道也在增加，显示公众和利益相关方对 ESG 的关注度正在上升。尽管如此，中国对 ESG 传播的研究仍尚显不足，对 ESG 与 ESG 传播的区分不明确，对传播内容和效果的区分不够清晰，以及对 ESG 传播评估体系的内部维度缺乏深入理解。

ESG 的推广实际上迫切要求超越传统的财务指标来评价企业的效益，强调需要将社会和环境指标纳入企业的整体评估。中国人民大学新闻学院的 ESG 传播专项课题组基于 ESG 的核心要素和中国式现代化的理念，将在中国式现代化背景下的 ESG 传播定义为：在实现全面建设社会主义现代化国家、全体人民共同富裕、物质文明与精神文明协调发展、人与自然和谐共生的指导下,推动形成促进环境友好、社会和谐、企业良好治理的传播活动。

构建与国际准则兼容的中国特色 ESG 传播评估体系是一项重要任务,旨在促进中国企业在 ESG 领域的透明度和国际交流。构建这一评估体系时,可以从七个方面考量。

(1)内涵价值维度。强调企业对中国式现代化发展要求的响应和对时代责任的承担,反映环境、社会及公司治理的发展,并传递中国人民的价值观。

(2)内容质量维度。需要考察 ESG 传播作品或活动的内容质量,包括专业性、叙事性和创新性,以及是否能够讲好中国故事、传递中国文化。

(3)传播影响力维度。衡量作品或活动的传播范围、渠道多样性、受众覆盖面以及社会影响力,同时提升中国 ESG 故事在国际 ESG 领域的话语权。

(4)国际兼容性。应考虑与国际 ESG 准则的兼容性,确保评估体系既符合中国国情,又能够与国际标准接轨。

(5)伦理规范性。强调 ESG 作品的伦理规范性,确保作品符合正确的价值导向,并包含企业的社会贡献、环境贡献和社会治理贡献价值。

(6)多元主体参与。鼓励企业、非政府组织、媒体智库、网络意见领袖、个人等多元主体参与 ESG 传播,通过对话提升 ESG 传播的质量。

(7)战略高度。推动企业将 ESG 传播提升至战略高度,以讲好 ESG 故事为起点,重构产品、服务乃至组织与公众的关系建设的全生命周期。

通过构建这样一个评估体系,我们不仅能够为中国企业的 ESG 传播实践提供准确的指导,确保其传播活动的有效性和针对性,还能够显著提升中国在全球 ESG 领域的影响力和话语权。这一体系将作为展示中国企业社会责任和可持续发展承诺的重要窗口,促进国际社会对中国 ESG 实践的深入理解和广泛认可。通过这一过程,中国将在全球 ESG 舞台上发挥更加积极的作用,为推动全球可持续发展目标的实现贡献中国智慧和中国方案。

第八章

———

未来趋势与挑战

第一节　ESG 的未来趋势

在本章中,我们将深入剖析全球化背景下各国政策与监管体系的演进趋势,同时审视科技进步带来的挑战、市场需求的演变,以及这些因素如何塑造 ESG 的未来。我们旨在激发读者对 ESG 发展前路的深思,探讨新兴挑战,并提供一个战略性思考的框架。我们期望读者通过本章的深入分析,能够获得对 ESG 未来更深层次的理解,这不仅包括对现有趋势的认识,也包括对潜在变革的预见。在此基础上,读者将能够在战略规划和实践过程中,做出更为明智和具有前瞻性的决策。希望读者能够通过本章内容认识到在不断变化的全球环境中,如何通过战略性思考和行动,积极应对 ESG 相关的挑战,并把握由此带来的机遇。

一、预测与展望

随着全球对可持续发展的重视不断加深,ESG 的未来显得愈发光明,展现出强劲的积极发展态势。这一趋势反映了一个日益加强的共识:企业不仅要追求经济效益,还要在环境保护、社会责任和治理透明度方面展现领导力[①]。投资者、消费者和监管机构对 ESG 的期待正在推动企业采取更加负责任的经营模式,以实现长期的可持续发展目标。ESG 的未来展望也预示着新的机遇和挑战。一方面,企业有机会通过创新和改进,提高自身的 ESG 绩效,从而吸引更多资本和消费者的支持。另一方面,企业需要应对不断变化的监管环境和市场竞争,确保其 ESG 战略和实践能够满足人们日益提高的期望和要求。ESG 的积极发展态势体现在多个层面。

ESG 不仅将被纳入企业战略和投资决策的核心,更将成为衡量企业长期价值和履行社会责任的关键指标。随着监管机构推出更多指导性政策和标准,企业 ESG 信息披露的质量和透明度也将得到显著提升。2023 年 6 月,国际可持续发展准则理事

---

① 徐尚昆. 人民日报新论:企业家当勇担社会责任[EB/OL]. (2020-08-06)[2024-05-30]. http://finance.people.com.cn/n1/2020/0806/c1004-31811985.html.

会正式发布了《国际财务报告可持续披露准则第 1 号——可持续相关财务信息披露一般要求》和《国际财务报告可持续披露准则第 2 号——气候相关披露》。这两项准则的发布是全球可持续披露基线准则建设的重要里程碑,旨在提升全球可持续发展信息披露的透明度、问责制和效率①。欧盟《可持续金融披露条例》(Sustainable Finance Disclosure Regulation,SFDR)第二阶段监管标准于 2023 年 1 月生效,该条例将欧盟市场上的金融产品按照可持续/ESG 的属性分为三类,对应不同的披露要求。这表明欧盟正在推动金融产品在投资决策中积极考虑 ESG 因素。2022 年 3 月,美国证监会发布了《面向投资者的气候相关信息披露的提升和标准化》提案,参照气候相关财务信息披露工作组框架,建议在相关法规中增加气候相关信息披露。这些都预示着 ESG 正在成为全球企业战略和投资决策的核心组成部分,并且作为衡量企业长期价值和履行社会责任的关键指标,得到了国际社会的广泛认可和推动。随着全球对可持续发展的共识加深,ESG 预计将在全球企业决策中扮演越来越重要的角色。

中国作为世界上最大的发展中国家,正积极融入这一全球趋势,通过将 ESG 理念纳入企业战略和投资决策的核心,致力于构建一个更加绿色、可持续的商业生态。这不仅有助于企业提升自身的品牌形象和市场竞争力,也将为实现国家的长期发展目标和社会责任承诺提供坚实支撑。2023 年 2 月,深圳证券交易所发布了新的自律监管指引,特别强化了 ESG 信息的披露要求,这体现了监管机构对 ESG 信息透明度的重视。2023 年 3 月,国资委研究中心也宣布计划推动所有中央企业控股上市公司在当年实现 ESG 信息披露。2023 年 8 月,中国证监会发布了新的管理办法,旨在完善独立董事制度、促进更高水平的公司治理,与 ESG 投资中的"治理"原则密切相关。同年 8 月,国资委办公厅推出了有关 ESG 专项报告的编制研究成果,提供了参考指标体系和模板,旨在加快建立统一的 ESG 信息披露标准。中国证监会也宣布正在指导沪深证券交易所起草上市公司可持续发展披露指引,推动本土化的 ESG 体系发展。为进一步促进保险业在绿色保险领域的创新和规范发展,2023 年 9 月,中国保险行业协会发布会发布了《绿色保险分类指引(2023 年版)》。

随着对 ESG 投资的兴趣持续增长,投资者越来越倾向于对那些在 ESG 绩效上表

---

① 王鹏程,孙玫,黄世忠,等. 两项国际财务报告可持续披露准则分析与展望[EB/OL]. (2023-06-27) [2024-06-12]. https://www.yicai.com/news/101792448.html.

现出色的公司进行投资,以实现财务回报与社会价值的双赢①。面对全球气候变化的紧迫挑战,ESG 在环境保护和气候变化适应方面的关注度将进一步提高。企业将更加重视与利益相关方的沟通与合作,共同推动可持续发展目标的实现。截至 2023 年 4 月,联合国负责任投资原则组织(PRI)签署机构已达 5 371 家,其中中国已有近 140 家机构,这一数字相比去年同期增长了 16 家。全球资产管理规模排名前 50 的机构中,43 家为 PRI 签署机构(占比 86%),截至 2023 年第二季度,签署机构的资产管理总规模已达 121.3 万亿美元,更加凸显了 ESG 投资在全球投资市场中的重要地位。根据彭博社的预测分析,2025 年,全球 ESG 资产有望达到 53 万亿美元,占全球资产管理规模(预计同期为 140.5 万亿美元)的三分之一②。

　　随着技术的不断进步,尤其是人工智能(AI)和大数据技术的广泛应用,ESG 领域正迎来一场革命性的变革。这些技术的应用极大地提高了对 ESG 数据的收集、分析和应用能力,使得企业和投资者能够更精准地评估和管理环境、社会和治理风险与机遇。通过大数据分析,企业能够处理和解读海量的非结构化数据,从而更全面地了解其运营对环境和社会的影响。同时,人工智能算法的应用增强了对 ESG 趋势的预测能力,帮助企业在决策过程中考虑长远影响、优化资源配置、提升运营效率。技术进步还助力提高 ESG 报告的质量和透明度。自动化工具和机器学习模型可以用于识别和整合关键的 ESG 指标,简化报告流程,减少人为错误,确保信息的准确性和可靠性。这不仅提高了报告的效率,也为企业与投资者、监管机构和其他利益相关方之间的沟通提供了更为坚实的基础。技术进步正为 ESG 领域带来前所未有的机遇,推动企业在实现可持续发展目标的同时增强其长期价值创造的能力。随着技术的不断发展和应用,我们有理由相信,ESG 将成为企业战略和投资决策中不可或缺的一部分,引领我们走向一个更加可持续和负责任的未来。

　　在新兴市场,尤其是在中国,随着经济的快速发展和对绿色金融需求的增长,企业和金融机构正在积极探索和创新 ESG 相关的产品和服务,以支持可持续发展项目,并展现出 ESG 实践和创新的新活力。绿色金融产品不断推陈出新,以满足市场的需求并支持可持续发展项目。财联社与生态环境部环境规划院共同发布了《中国绿

---

① 千际投行. 2023 年 ESG 投资研究报告[R/OL]. 2023. https://m. 21jingji. com/article/20231124/herald/a7c18625effc95a990b661b44dc0f590. html.
② 彭博 Bloomberg. 填补 ESG 数据鸿沟,突破 ESG 投资发展瓶颈[EB/OL]. (2022-04-13)[2024-05-30]. https://www. bloombergchina. com/blog/esgdata/.

色金融实践创新与发展报告:2023》,展示了中国在绿色金融政策、绿色信贷、绿色保险、绿色证券、绿色基金等方面的创新和实践。中国的绿色金融产品已经涵盖了绿色贷款、绿色债券、绿色资产证券化产品(绿色 ABS)、绿色保险、绿色基金、绿色信托、绿色股权等多个领域。中国人民银行公布的数据显示,截至 2023 年年末,本外币绿色贷款余额 30.08 万亿元,同比增长 36.5%,高于各项贷款增速 26.4 个百分点,比年初增加 8.48 万亿,主要投向具有直接和间接碳减排效益项目的贷款分别为 10.43 万亿元和 9.81 万亿元,合计占绿色贷款的 67.3%[①]。

ESG 的未来展望预示着无限机遇与挑战并存,它是全球经济向更可持续、更具包容性发展的关键驱动力。随着对 ESG 认识的深化和实践的扩展,它将深刻影响企业战略规划和投资者决策过程,引导资本流向那些不仅追求经济利益,同时也注重环境保护和社会福祉的领域。ESG 的持续发展将促进形成一种新的商业文明,企业将更加重视长期价值的创造,投资者也将更加关注其资本的社会和环境影响,共同推动构建一个更加公正、绿色、繁荣的世界。

二、数字技术进步对 ESG 的影响

数字技术的迅猛发展对 ESG 产生了深远的影响,这些技术为 ESG 实践提供了新的工具和方法,使得企业能够更有效地管理其对环境和社会的影响,以及提升治理透明度和效率。

大数据分析的应用使企业能够收集和分析大量的环境和社会数据,从而更准确地评估其运营对环境的影响,优化资源使用,减少废物和排放。通过数据挖掘,企业可以识别出改进的机会,实现更加可持续的运营。例如,通过使用物联网设备,企业可以实时监控能源消耗和排放水平,快速识别节能减排的机会。卫星图像分析和地理信息系统帮助企业评估和管理其对生物多样性的影响,确保土地使用和资源开发的可持续性。数字技术通过提供更加精准和个性化的服务,帮助企业更好地满足社区和消费者的需求。移动技术和在线平台使得教育和医疗资源更加易于获取,尤其是在偏远和不发达地区。社交媒体和协作工具促进了企业与利益相关方的沟通和参

---

① 人民日报海外版. 中国绿色贷款余额超 30 万亿元[EB/OL]. (2024-01-27)[2024-06-27]. https://www.gov.cn/lianbo/bumen/202401/content_6928561.htm.

与,加强了企业的社会影响力和品牌声誉。

人工智能技术的发展极大地丰富了 ESG 实践的深度和广度,给 ESG 带来了全方位的智能化解决方案,从环境风险管理到社会责任项目的效果评估,再到公司治理的优化,人工智能技术的应用正在帮助企业更有效地应对 ESG 挑战,实现可持续发展目标。随着人工智能技术的不断进步,其在 ESG 领域的应用将更加广泛和深入,给企业和社会带来更多的益处。在环境方面,人工智能的应用不仅限于预测环境风险和自动化环境监测,还包括智能能源管理系统的开发,这些系统能够实时优化能源分配和消耗,降低企业的碳足迹。人工智能还能够分析气候数据和环境传感器数据,预测极端天气事件和自然灾害,帮助企业采取预防措施,减少对环境的负面影响。在社会方面,人工智能技术的应用扩展到了人力资源管理,通过分析员工满意度调查、员工流动率等数据,企业能够更好地理解员工需求,设计更有效的福利计划和培训项目。人工智能还能够分析社交媒体和其他在线平台上的数据,评估社区参与项目的社会影响力,确保社会责任投资产生实际的社会效益。在公司治理方面,人工智能技术通过自然语言处理和机器学习算法,能够分析大量的监管文件、新闻报道和公共记录,帮助企业识别潜在的合规风险和治理问题。人工智能还可以辅助董事会决策,通过分析市场趋势和竞争环境,提供战略规划和风险管理方面的洞见。

人工智能技术还能够提升 ESG 数据的收集和分析能力。通过自动化数据收集和使用先进的分析模型,企业能够更准确地评估其 ESG 绩效,识别改进领域,并制定更有效的 ESG 策略。人工智能算法还可以帮助企业处理和整合来自多个来源的 ESG 数据,提高数据的一致性和可靠性。人工智能在供应链管理中的应用也为企业带来了显著的 ESG 效益。通过使用人工智能监控供应链中的环境和社会风险,企业能够确保其供应链的可持续性,减少对环境的负面影响,并提高供应链的社会责任感。人工智能技术还能够支持 ESG 相关的创新和研发。企业可以利用人工智能进行新材料、新工艺和新产品的研发,这些研发活动往往更加环保和可持续,有助于企业实现其 ESG 目标。

数字化工具和平台的运用显著提升了 ESG 信息的可获取性和透明度,使企业能够通过在线平台有效地发布 ESG 报告、与利益相关方进行实时互动,并快速收集和响应反馈。这种透明度不仅提升了企业的责任感和品牌形象,而且吸引了越来越多关注可持续性的投资者。数字化工具还帮助企业更好地管理风险,持续优化 ESG 绩效,并通过跨部门协作确保将 ESG 考量融入企业运营的各个方面。随着技术的不断进步,预计这些工具和平台将在推动企业和社会向可持续发展转型中发挥更加关键的作用。例如,企业不再局限于传统的纸质报告,而是能够通过动态的在线报告,提供丰富的多媒体内容,如视频、图表和互动数据,使信息更加生动和易于理解。这种创新的报告方式不仅增强了信息的吸引力,也使得报告内容更加用户友好。企业可以利用数字化工具快速收集和分析利益相关方的反馈,从而更迅速地识别问题和改进。这种及时的反馈机制有助于企业快速响应投资者和公众的关切,提高企业的透明度和信任度。数字化平台还能够帮助企业更好地管理和降低风险。通过实时监控和分析 ESG 相关的风险指标,企业能够及时采取行动,减轻对环境和社会的负面影响。数字化工具还促进了企业内部不同部门之间的协作,确保 ESG 考量被整合到企业运营的各个方面,从而提高整个组织的 ESG 绩效。

云计算技术的广泛应用为企业在 ESG 领域的创新和数据分析提供了强大动力。它不仅提供了灵活和可扩展的信息技术基础设施,还显著降低了企业在 ESG 实践中的成本和运营复杂性。企业可以根据自身 ESG 目标和需求,快速调整和扩展信息技术资源,轻松实施新的 ESG 项目和应用程序,如碳足迹计算器、能源管理系统或供应链可持续性分析工具,不需要大量前期投资或担心硬件升级。云计算的可扩展性确保了企业能够随着业务的增长或 ESG 项目的扩展,无缝扩展其信息技术基础设施,处理大量数据,如能源消耗数据、供应链合作伙伴的可持续性表现数据或员工参与度调查数据。云计算平台的数据处理和分析能力帮助企业深入分析 ESG 相关数据,获得有价值的洞察和趋势,制定更加精准的 ESG 策略,优化资源配置,提高运营效率,并实现更好的环境和社会效果。云计算还促进了企业与合作伙伴、供应商和利益相关方之间的协作和共享,共享数据和分析结果,促进跨部门和跨组织的协作,共同推动 ESG 目标的实现。此外,云计算的成本效益显著降低了企业在 ESG 方面的投资门槛,使更多的企业,特别是中小企业,能够负担得起 ESG 相关的信息技术解决方案。云服务提供商通常提供高标准的数据安全和隐私保护措施,确保企业 ESG 数据的安全性和合规性,这对于保护企业声誉和维护利益相关方信任至关重要。例如,微软Azure 和亚马逊 AWS 等云服务提供商,提供了一系列支持 ESG 的工具和服务,如Azure 可持续发展计算器和 AWS 的可持续性数据服务,帮助企业更有效地管理和报告其 ESG 相关表现。云计算技术的普及为企业在 ESG 方面的创新和数据分析提供有力支持,降低了成本和运营复杂性,促进了企业与利益相关方的协作和共享,提高了企业在 ESG 领域的透明度和可信度。随着云计算技术的不断发展和应用,预计其在 ESG 领域的贡献将会更加显著,帮助企业实现可持续发展目标。

随着可持续金融科技的兴起,企业正在探索更多创新的绿色金融产品和解决方案,如基于区块链的可持续债券、使用人工智能优化的绿色投资组合、利用大数据分析的气候风险评估工具等。创新的绿色金融产品和解决方案不断出现,展示了可持续金融科技如何帮助企业、投资者和整个社会更好地应对环境挑战,推动经济向更加可持续的未来发展。

(1)使用人工智能优化的绿色投资组合。人工智能技术被应用于创建智能的绿色投资组合,人工智能算法可以分析大量的市场数据和 ESG 指标,以识别和选择那些具有良好环境和社会表现的投资机会。这种优化方法有助于投资者实现风险调整后的可持续投资回报。

(2)基于区块链的可持续债券。企业正在利用区块链技术发行可持续债券,这种技术提供了一个透明、去中心化的记录系统,确保资金的使用与发行时的环境目标保持一致。例如,通过区块链平台记录债券发行和资金流向,投资者可以实时监控资金是否被用于特定的环保项目。

(3)利用大数据分析的气候风险评估工具。企业正在开发和使用大数据分析工具来评估和管理气候相关的风险。这些工具可以处理和分析来自卫星图像、气象站、金融市场等多个来源的数据,帮助企业和投资者理解气候变化对投资组合的潜在影响。

(4)智能合约驱动的绿色保险产品。区块链技术中的智能合约可以用于创建自动执行的绿色保险产品,这些产品在特定的环境条件或事件触发时自动支付赔偿,如天气衍生品保险,可以为受气候变化影响的行业提供保护。

(5)可持续供应链金融。金融科技还支持可持续供应链的创建,通过整合供应链中的数据和流程,金融机构能够提供更有针对性的融资解决方案,支持供应商采用更环保的生产方法。

(6)环境影响债券。企业发行环境影响债券,这些债券的收益专门用于资助特定的环境项目,如可再生能源项目或生态保护计划。通过金融科技平台,投资者可以轻松识别和投资这些债券。

(7)绿色数字货币。随着数字货币的发展,一些企业正在探索创建绿色数字货币,这些货币的交易将直接支持环保项目,促进可持续经济活动。2022 年,兴业银行落地福建省内首笔数字人民币采购海洋渔业碳汇交易。

（8）ESG 评分和评级平台。利用机器学习和数据分析技术，企业可以开发更加精准的 ESG 评分和评级平台，帮助投资者评估和比较不同企业或资产的可持续性表现。

（9）虚拟森林和碳抵消项目。结合虚拟现实和增强现实技术，企业可以创建虚拟森林和其他互动体验，提高公众对环境保护问题的认识，并促进碳抵消项目的发展。

数字技术的迅猛发展给 ESG 实践带来了前所未有的机遇，使得企业能够更有效地管理其对环境和社会的影响，提升治理透明度和效率，推动企业和社会向更加可持续和负责任的方向发展。随着技术的不断进步和应用，我们有理由相信，数字技术将继续在 ESG 领域发挥重要作用，为实现全球可持续发展目标贡献力量。

第二节   应对新的挑战

在当今全球化和信息化快速发展的背景下，企业面临着日益复杂的 ESG 课题，这不仅来自全球化竞争、资源短缺、气候变化等外部因素，也涉及企业内部的道德规范、透明度和责任管理等核心问题①。面对这些挑战，企业必须采取创新和可持续的策略，以确保长期的成功和对社会的积极贡献。

ESG 应对新的挑战需要企业重新审视和调整其战略规划，将 ESG 原则融入企业文化和运营的各个方面。这包括：加强环境管理，提高资源利用效率，减少温室气体排放；积极参与社会公益活动，提升员工福利和工作条件，以及加强与社区的互动和合作；改进公司治理，确保决策过程的透明度和公正性，提高企业的道德标准和合规性。企业还需要关注新兴市场的 ESG 实践，理解不同文化和法律环境下的 ESG 要求，以及如何在全球范围内推广和实施 ESG 标准。此外，企业应积极探索和利用新技术，如人工智能、大数据和区块链，以提高 ESG 数据的收集、分析和应用能力，更好地识别和管理 ESG 风险。

---

① 李辛. ESG 理念发展现状及发展建议［EB/OL］.（2023-10-19）［2024-05-30］. http://www. iii. tsinghua. edu. cn/info/1131/3609. htm.

　　ESG 应对新的挑战需要企业展现出领导力、创新力和合作精神,通过跨界合作、战略规划和持续改进,共同推动企业和社会的可持续发展。这不仅是企业自身发展的需要,也是对全球可持续发展目标的贡献。

一、新兴市场与 ESG

　　根据国际货币基金组织的定义,新兴市场通常是指那些具有中等收入、快速工业化进程以及较为年轻的人口结构等特点的国家或地区,常用来形容那些既非发达经济体也非低收入经济体的中等经济体①。这些经济体通常被认为具有较高的增长潜力和较多的投资机会。新兴市场的经济体系正在快速发展,并逐渐成为全球经济的重要组成部分。

　　全球投资市场一般可以分为发达市场和新兴市场。以明晟(MSCI)指数为例,发达市场包括美国、日本、英国等 23 个市场,而新兴市场则包括中国、韩国、印度、巴西等 24 个市场。新兴市场特征如表 8-1 所示。

表 8-1　新兴市场特征

领　域	新 兴 市 场 特 征
经济增长	通常具有较高的经济增长率
市场潜力	通常市场发展潜力大,为投资者提供了广阔的机会
人口结构	往往拥有较为年轻的人口结构
资本市场发展	资本市场可能不够成熟,但正在快速发展
工业化程度	一般正处于快速工业化进程
人均收入	人均年收入通常处于中下等水平
投资风险与回报	可能伴随着较高的投资风险,但同时也可能带来较高的回报

　　新兴市场的发展对于推动全球经济增长具有重要作用,但其自身也面临着一系

---

① International Monetary Fund (IMF). 新兴市场国家下一步棋该如何走?〔J〕. 金融与发展,2021,58(2):2.

列挑战,如政治不稳定、经济波动、市场监管不足等。相比发达市场,新兴市场更具有经济增长的潜力,投资者也可以找到更多投资机会,ESG 投资和 ESG 实践在新兴市场正处于潜力与挑战并存的发展阶段。这些市场虽然在经济增长和工业化进程中取得了显著成就,但在 ESG 实践方面通常还处于起步或发展中阶段。新兴市场在 ESG 信息披露、法规制定、市场认知、投资策略等方面存在诸多挑战,这些问题包括但不限于缺乏统一的披露标准、评级体系不成熟、投资者教育不足以及企业 ESG 实践不均衡。重要课题涵盖了从政策制定到企业行动的多个层面。建立和完善 ESG 相关的政策和法规框架是推动新兴市场 ESG 发展的首要课题。提高企业的 ESG 信息披露质量和透明度,以及构建与国际接轨的 ESG 评级体系,对于吸引国际投资和提升市场信任至关重要。与此同时,加强投资者和公众对 ESG 重要性的认识,通过教育和培训提升 ESG 意识,也是当前的重要任务。

新兴市场需要开发与其独特条件契合的 ESG 投资策略,如推动绿色金融和社会责任投资的发展,并运用数字化技术来优化 ESG 数据的搜集、分析与管理工作。在这一过程中,国际合作发挥着至关重要的作用,通过共享最佳实践、技术和经验,有助于新兴市场加快其在 ESG 领域的进步。新兴市场在 ESG 领域的成就不仅对本国经济的持续发展产生深远的影响,同时也对全球 ESG 生态系统的建设与完善发挥着关键性作用。面对挑战,新兴市场通过采取全面的战略和措施,有潜力在 ESG 实践中实现显著的进步,进而为实现全球可持续发展的目标贡献力量。

ESG 在新兴市场的重要课题主要包括五个方面。

(1)提高 ESG 信息披露的质量和建立具有本地特色的 ESG 评价体系。在新兴市场,提升 ESG 信息披露的质量和透明度是实现可持续发展的关键一步。企业必须采取更加系统化的方法,全面报告其在环境、社会和治理方面的绩效,确保信息的真实性和可比性,从而满足投资者和监管机构的要求。与此同时,建立和优化具有本地特色的 ESG 评价体系对于新兴市场同样至关重要。这样的体系应当充分考虑新兴市场的特殊需求和条件,包括文化、经济和社会因素,以及企业面临的特定挑战和机遇。

(2)加强国际合作。国际合作是提升新兴市场在全球 ESG 领域影响力的重要途径。通过加强与国际组织和投资者的紧密合作,新兴市场不仅可以学习和引进先进的 ESG 理念和实践,还能更好地与国际标准接轨,从而提高其在国际舞台上的竞争力和声誉。这种合作有助于新兴市场分享和吸收全球最佳实践,促进本地 ESG 体系的创新和完善。同时,通过与国际伙伴的交流和协作,新兴市场能够更有效地展示其在 ESG 领域的成就和进步,吸引更多的国际投资,推动可持续发展的资本流动。国际合作还为新兴市场提供了一个展示其对全球可持续发展目标承诺的平台,通过参与国际项目和倡议,新兴市场能够在全球 ESG 议程中发挥更积极的作用,共同应对气候变化、环境保护、社会公平等全球性挑战。

（3）数字化与 ESG 的融合。在 ESG 领域,探索和应用数字技术是一项前沿课题。通过利用人工智能、区块链、大数据分析等尖端技术,我们可以显著提升 ESG 数据的收集、分析和管理能力。人工智能的算法可以高效处理和分析大量非结构化数据,识别模式和趋势,从而帮助企业更准确地评估其环境和社会影响。区块链技术则以其透明性、不可篡改性和去中心化的特点,给 ESG 数据提供了一个安全、可靠的记录和验证平台。数字化工具还可以提高 ESG 报告的自动化水平,减少人为错误,确保信息的准确性和一致性。通过这些技术,企业能够更快速地响应市场和监管要求,提高决策效率,并在 ESG 议题上做出更明智的选择。

（4）投资者教育与企业 ESG 实践的融合。为了构建一个更加可持续和负责任的投资环境,加强对投资者的 ESG 教育至关重要。这包括提升他们对 ESG 重要性的认识,以及有效地将 ESG 因素纳入投资决策过程。通过教育,投资者能够更好地理解 ESG 价值与风险,做出更明智的投资选择,推动资本向负责任的企业流动。与此同时,鼓励和支持企业在 ESG 方面的实践也同样重要。这不仅涉及改善公司治理,确保透明度和问责性,也包括提高环境标准、减少对自然资源的负面影响,以及积极履行社会责任,促进社会福祉和公平。企业的 ESG 实践不仅有助于提升其品牌价值和市场竞争力,也是其社会和环境责任的直接体现。

（5）积极应对可能的挑战。在新兴市场,企业面临着一系列特有的挑战,包括政治不稳定性、监管环境的不确定性等,这些因素都可能对 ESG 实践产生影响。为了有效应对这些挑战,企业需要探索和实施适应性强的 ESG 实践和风险管理策略。企业必须建立一个全面的风险评估框架,识别和评估与政治风险、监管变化等相关的 ESG 风险。通过这种评估,企业能够更好地理解其运营环境中的潜在威胁,并制定相应的缓解措施。企业还应加强与政府、监管机构以及行业同行的沟通与合作,共同推动建立更加稳定和可预测的监管环境。通过积极参与政策讨论和行业倡议,企业不仅能提升自身的 ESG 表现,也能为整个行业的可持续发展做出贡献。企业需要加强内部治理,确保 ESG 原则和实践在组织内部得到有效执行。这包括建立透明的决策流程、强化合规性管理,以及提高信息披露的透明度。

二、ESG 领域的新挑战

ESG 领域正站在新的发展前沿,面对一系列前所未有的挑战。这些挑战不仅是对企业运营、投资决策、监管政策以及社会整体适应性的考验,更是对它们创新能力的重大挑战。随着可持续发展理念的深入人心,各方利益相关者需要不断探索新的方法和解决方案,以应对这些挑战,并推动社会向更加可持续和公正的未来迈进。

1. 全球化与数字化的影响

在全球化和数字化的大潮中,企业不仅要应对本土市场的挑战,还必须关注跨国界的环境与社会问题。全球供应链的透明度和可持续性成为企业必须面对的问题,这涉及确保供应链中的每一环节都符合劳工标准和环境保护的要求。数字化转型也带来了新的领导力考验,企业需要在数据治理、算法透明度、数字公平等方面制定明确的政策和标准,确保技术的发展不会损害消费者权益,同时促进公平竞争和创新。

2. 气候变化与资源管理

气候变化是全球面临的紧迫问题,企业必须采取切实措施来应对。这包括通过采用清洁能源、提高能效来减少温室气体排放。在资源管理方面,企业需要从传统的线性经济模式转向循环经济,通过减少废物、提高资源的循环利用率和推广再生材料的使用,实现资源的可持续利用。

3. 数据隐私与网络安全

随着数据成为企业的核心资产,保护个人数据的安全和隐私变得至关重要。企业必须遵守严格的数据保护法规,如欧盟的《通用数据保护条例》,确保客户信息的安全。此外,网络安全的威胁日益增加,企业需要投资于先进的安全技术和培养专业的安全团队,以防范网络攻击和数据泄露。

4. 投资者的期望与 ESG 绩效

投资者正日益将企业的 ESG 绩效视为关键的投资决策指标。他们期待企业能提供详尽且透明的 ESG 报告,这些报告应清楚地展示企业如何应对 ESG 风险并利用相关机遇。为了满足投资者的期待并展现其对长期价值创造的承诺,企业必须致力于不断优化其 ESG 实践,确保在环境保护、社会责任和良好治理方面的持续进步和创新。通过这种方式,企业不仅能够建立起投资者信心,还能在竞争激烈的市场中突显其可持续性的领导地位。

5. 监管机构的要求

监管机构正日益强化对 ESG 信息披露的全球性要求,旨在增进市场透明度和公平性,引导资本流向更可持续的投资。例如,欧盟的《可持续金融披露条例》要求金融机构在其投资决策过程中必须披露对环境、社会和治理因素的考量,这不仅涉及产品层面,也包括整个投资策略和流程。为适应这些新规定,企业必须确保其 ESG 报告的准确性和合规性。这包括对 ESG 风险和机遇的全面评估,以及对企业 ESG 绩效的透明报告。企业需要建立或优化内部流程,确保收集的数据可靠、全面,并与国际 ESG 报告标准接轨。企业需要适应这些新的法规,并与监管机构保持沟通,了解最新的监管动态,更深入地理解监管要求背后的意图,并在必要时为自身的 ESG 战略和报告实践提供指导。

6. 技术进步的挑战与机遇

在当今技术快速发展的时代,企业应积极利用人工智能、大数据、区块链等尖端技术来提升其 ESG 绩效。这些技术不仅使企业能够更有效地监控和管理环境影响,提高资源效率,还加强了公司治理的透明度和决策质量。技术进步也带来了新的挑战,尤其是在确保算法公正性和防止数据滥用方面。企业必须在追求创新的同时,坚守伦理标准,遵循法律法规,确保技术应用的伦理性和合规性,并持续关注技术对社会的广泛影响,采取措施以确保技术进步能够促进社会整体福祉,通过负责任地利用技术,提高自身的 ESG 绩效,推动全球可持续发展目标。

7. 新兴市场的 ESG 挑战

新兴市场在推进 ESG 实践的过程中面临着一系列特有的挑战,包括文化与法律背景的差异、监管框架的不稳定性,以及在促进环境保护与实现经济增长之间的微妙平衡。为了有效应对这些挑战,企业必须深刻洞察当地社会和环境的具体需求,并据此制定符合当地实际情况的 ESG 策略。企业也要积极与当地政府和社区建立合作关系,通过共同努力,推动实现包容性可持续发展的目标。通过这种多方协作和本土化策略的实施,企业不仅能够克服挑战,还能够在促进地方经济和环境的和谐共生中发挥积极作用。

8. 社会期望与透明度

社会各界对企业的期望正不断提升,在 ESG 方面尤其如此。消费者、员工和投资者越来越期望企业不仅在财务上表现卓越,而且能在社会责任和道德行为上树立标杆,他们渴望企业展现出更高的透明度和责任感,这已成为衡量企业成功的重要标准。企业应该积极响应这一呼声,通过开放和透明的沟通机制,及时向公众披露其在ESG 领域的实践、进展和成效。这包括定期发布详尽的 ESG 报告,主动分享企业面临的挑战、采取的措施以及取得的成果。通过这种坦诚和负责任的态度,企业能够建立起与利益相关方的信任关系,从而在市场中获得更广泛的认可和支持,通过持续的对话和互动,不断优化自身的 ESG 战略和行动。这种双向沟通不仅有助于企业更好地理解社会期望,还能激发企业的创新和改进,推动企业在可持续发展的道路上不断前行。

9. 领导力与合作

面对 ESG 挑战,企业和投资者需要展现领导力,主动识别和应对 ESG 问题,推动行业和市场的可持续发展。跨界合作成为解决 ESG 问题的关键,企业需要与政府、非政府组织、行业伙伴和国际组织合作,共同寻找解决方案,推动全球可持续发展目标的实现。通过这些努力,企业和投资者不仅能够提升自身的 ESG 绩效,还能够为建设一个更加可持续和包容的世界贡献力量。

这些挑战要求各方面利益相关者采取协调一致的行动,共同推动 ESG 领域的发展,以实现全球可持续发展目标。通过综合性的策略和行动,我们可以期待在 ESG 实践中取得显著进步,为构建一个更加可持续和包容的未来做出贡献。

参 考 文 献

1. 王大地,黄洁. ESG 理论与实践[M]. 北京:经济管理出版社,2021.

2. 张帆. 社会责任投资与金融伦理[J]. 合作经济与科技,2023(4):61-62.

3. 姜维. 威廉·诺德豪斯与气候变化经济学. 气候变化研究进展[J],2020,16 (3):390-394.

4. 黄世忠. ESG 理念与公司报告重构[J]. 财会月刊,2021(17):3-10.

5. 赵有生. 现代企业管理[M]. 北京:清华大学出版社,2016.

6. 张智光. 面向生态文明的超循环经济:理论、模型与实例. 生态学报[J],2017, 37(13):4549-4561.

7. 孟小燕,熊小平,王毅. 构建面向"双碳"目标的循环经济体系:机遇、挑战与对 策[J]. 环境保护,2022,50(Z1):51-54.

8. 邱海峰. 循环经济发展空间大[N]. 人民日报海外版,2021-07-13(3).

9. 肖红军,阳镇. 新中国 70 年企业与社会关系演变:进程、逻辑与前景[J]. 改革, 2019(6):5-19.

10. 齐文浩. 依托绿色供应链管理实现企业可持续发展[N]. 光明日报,2021-08-17 (11).

11. 王煦. 欧盟可持续发展指令对中国绿色供应链的挑战[EB/OL]. (2024-02-21) [2024-06-08]. https://www.thepaper.cn/newsDetail_forward_26403806.

12. 王欣. 公司治理的多元演变与深化路径:"十三五"回顾与"十四五"展望[J]. 财 贸研究,2021,32(2):102-110.

13. 于晗,陈文辉. 建立 ESG 中国标准[N]. 中国银行保险报,2022-07-11(5).

14. 李辛. ESG 理念发展现状及发展建议[EB/OL]. (2023-10-19)[2024-05-06]. https://www.iii.tsinghua.edu.cn/info/1131/3609.htm.

15. 邱德坤:高质量发展离不开高水平信息披露[N]. 上海证券报,2021-08-25(5).

16. 施懿宸,包婕. 央企控股上市公司治理信息披露探索[EB/OL]. (2023-10-25)

［2024-05-06］. https：//iigf. cufe. edu. cn/info/1012/7805. htm.

17. 施懿宸,包婕. 中国 ESG 指标体系发展需要中国特色［EB/OL］.（2019-09-11）［2024-05-06］. https：//finance. sina. com. cn/zl/china/2019-09-11/zl-iicezueu5043848. shtml.

18. 蔚骁，吴天水，施懿宸. 综合报告（Integrated Reporting）披露背景、现状及实践概览［EB/OL］.（2023-05-31）［2024/6/18］. https：//iigf. cufe. edu. cn/info/1012/6973. htm.

19. 刘诗萌. 专访施涵：中国 ESG 强制性披露时代即将到来,应对违反 ESG 信披规定的企业加大执法力度［EB/OL］.（2024-04-17）［2024-06-08］. https：//www. chinatimes. net. cn/article/135750. html.

20. 张静静. 从境外经验看 ESG 信息披露的发展趋势及影响［EB/OL］.（2022-02-11）［2024-06-18］. https：//www. hangyan. co/reports/27725405414165063375.

21. 尚福林. 构建中国特色 ESG 体系　助力经济高质量发展［EB/OL］.（2022-06-29）［2024-06-12］. http：//finance. people. com. cn/n1/2022/0629/c1004-32459894. html.

22. 中国品牌全球行与 ESG 可持续发展会议. ESG 概念走过 20 年：专家纵论中国品牌全球行与 ESG 可持续发展之道［EB/OL］.（2024-05-15）［2024-05-30］. https：//cn. ceibs. edu/media/news/events-visits/25040.

23. 王凯,邹洋. 国内外 ESG 评价与评级比较研究［M］. 北京：经济管理出版社,2021.

24. 晏维龙,曹杰. 论绿色供应链管理［J］. 社会科学辑刊, 2004（1）：51-57.

25. 王鹏程，孙玫，黄世忠，等.两项国际财务报告可持续披露准则分析与展望［EB/OL］.（2023-06-27）［2024-06-12］. https：//www. yicai. com/news/101792448. html.

26. 林中,黄振超. ESG：价值投资的"新势力"［EB/OL］.《红周刊》ESG 研究中心.（2022-03-20）［2024-06-01］. https：//cj. sina. com. cn/articles/view/5937487609/161e6def900100wh43.

27. 胡洁,韩一鸣,钟咏. 企业数字化转型如何影响企业 ESG 表现——来自中国上市公司的证据［J］. 产业经济评论,2023(1)：105-123.

28. 中国人民大学中国普惠金融研究院. 社会责任投资的实践与前景——从边缘到主流［R/OL］. 2021. https：//en. cafi. org. cn/upload/portal/20221222/7a2ed12b454cf973f93cbbba0939f56b. pdf.

29. 中核集团. 深改进行时丨综合部：持续提升公司治理效能, 为建设中国特色现代企业制度提供中核智慧[EB/OL]. (2024-01-05) [2024-06-08]. https://www.thepaper.cn/newsDetail_forward_25918959.

30. 工业和信息化部. 2021年1—10月有色金属行业运行情况[EB/OL]. (2021-11-25) [2024-06-08]. https://www.miit.gov.cn/jgsj/ycls/gzdt/art/2021/art_3ae80f04de6d4afa8503661c37698ac0.html.

31. 中国证券投资基金业协会. 中国上市公司ESG评价体系研究报告[R/OL]. 2018. https://finance.sina.com.cn/money/fund/jjdt/2018-11-13/doc-ihmutuea9810220.shtml.

32. 中央财经大学绿色金融国际研究院. 中国上市公司ESG行动报告(2022—2023) [R/OL]. 2023. https://iigf.cufe.edu.cn/info/1014/7437.htm.

33. 李志青, 符翀. ESG理论与实务[M]. 上海：复旦大学出版社, 2021.

34. 张博辉. 中国ESG发展现状及待解关键问题[EB/OL]. (2021-11-24) [2024-05-06]. https://index.caixin.com/2021-11-24/101809517.html.

35. 徐尚昆. 人民日报新论：企业家当勇担社会责任[EB/OL]. (2020-08-06) [2024-05-30]. http://finance.people.com.cn/n1/2020/0806/c1004-31811985.html.

36. 李辛. ESG理念发展现状及发展建议[EB/OL]. (2023-10-19) [2024-05-30]. http://www.iii.tsinghua.edu.cn/info/1131/3609.htm.

37. 赖妍, 刘微微, 王琳静. 我国ESG研究现状、热点及展望[J]. 财会月刊, 2023, 44 (14)：80-85.

38. 第一财经研究院. 2022中国ESG投资报告——方兴之时, 行而不辍[R/OL]. 2022. https://img.cbnri.org/files/2023/03/638156995846520000.pdf.

39. 杨杰, 张宇, 陈隆轩. 数字金融与企业ESG表现：来自中国上市公司的证据[J]. 哈尔滨商业大学学报（社会科学版）, 2022(5)：3-18.

40. 李鹏. 国内ESG理念实践与推进的思考及建议[EB/OL]. (2020-07-06) [2024-05-06]. https://bank.jrj.com.cn/2020/07/06145030153397.shtml.

41. 孙忠娟, 罗伊, 马文良, 等. ESG披露标准体系研究[M]. 北京：经济管理出版社, 2021.

42. 千际投行. 2023年ESG投资研究报告[R/OL]. 2023. https://m.21jingji.com/article/20231124/herald/a7c18625effc95a990b661b44dc0f590.html.

43. 周宏春. ESG 内涵演进、国际推动与我国发展的建议［J］. 金融理论探索,2023 (5)：3－12.

44. 闫伊铭,苏靖皓,杨振琦,等. ESG 投资理念及应用前景展望［J］. 中国经济报告, 2020(1)：68－76.

45. 天风宏观,宋雪涛. 各种 ESG 评价体系有何不同？［EB/OL］.（2022－02－28） ［2024－05－20］. https：//finance. sina. com. cn/esg/investment/2022-02-28/doc-imcwiwss3106256. shtml.

46. 中国发展研究基金会. ESG 助力"碳中和"目标理论框架与路径探讨［EB/OL］. （2024－01－18）［2024－05－10］. https：//www. cdrf. org. cn/jjh/pdf/ESG zhulitan zhonghemubiao1. 23-CDRF. pdf.

47. 中证指数. ESG 专题研究 | 2023 年 ESG：政策进展与实践［EB/OL］.（2024－01－ 16）［2024－06－01］. https：//finance. sina. com. cn/money/fund/fundzmt/2024-01-18/doc-inactkme3868889. shtml.

48. World Meteorological Organization（WMO）. Provisional State of the Global Climate in 2023［R/OL］. 2023. https：//wmo. int/sites/default/files/2023-11/WMO% 20 Provisional%20State%20of%20the%20Global%20Climate%202023. pdf.

49. MSCI ESG Research. ESG Intangible Value Assessment［M/OL］. 2014. https：// www. msci. com/documents/10199/25a39052-0b0e-4a10-bef8-e78dbc854168.

50. Task Force on Climate-related Financial Disclosures（TCFD）. 2023 Status Report［R/ OL］. 2023. https：//assets. bbhub. io/company/sites/60/2023/09/2023-Status-Report. pdf.

51. International Monetary Fund（IMF）. 新兴市场国家下一步棋该如何走？［J］. 金融 与发展,2021,58(2)：2.

52. Lee L-E, Nagy Z, Giese G. Deconstructing ESG Ratings Performance：Risk and Return for E,S and G by Time Horizon, Sector, and Weighting［R/OL］. 2021. https：//www. msci. com/www/research-report/deconstructing-esg-ratings/01921647796.

53. Global Sustainable Investment Alliance（GSIA）. Global Sustainable Investment Review 2022［R/OL］. 2023. https：//www. gsi-alliance. org/wp-content/uploads/ 2023/12/GSIA-Report-2022. pdf.

54. Principles for Responsible Investment（PRI）. PRI Annual Report 2024［R/OL］.

2024. https://www. unpri. org/download？ ac＝21536.

55. The Intergovernmental Panel on Climate Change（IPCC）. Special Report on Global Warming of 1.5 ℃ ［R/OL］. 2018. https://www. ipcc. ch/site/assets/uploads/sites/2/2022/06/SR15_Chapter_2_LR. pdf.

56. UN Secretary-General，World Commission on Environment and Development United Nations. Report of the World Commission on Environment and Development ［R/OL］. 1987. https://digitallibrary. un. org/record/139811？ v＝pdf.

57. UNPRI. What is responsible investment［EB/OL］. ［2024-05-10］. https://www. unpri. org/download？ ac＝10223.

58. 佳能(中国). 企业社会责任责任管理实质性议题［EB/OL］. ［2024-05-30］. https://www. canon. com. cn/csr/responsibility/topic/.

59. 腾讯. 2023 年环境、社会及管治报 2023［R/OL］. 2024. https://static. www. tencent. com/uploads/2024/05/29/64c2c411b5694a79bbd8ef4db73d6e57. pdf.

60. 企业观察报. 央视重磅发布《年度 ESG 卓越实践报告》［EB/OL］.（2023-10-30）［2024-05-22］. https://www. cneo. com. cn/article-56847-1. html.

61. 彭博 Bloomberg. 填补 ESG 数据鸿沟，突破 ESG 投资发展瓶颈［EB/OL］.（2022-04-13）［2024-05-30］. https://www. bloombergchina. com/blog/esgdata/.

62. 诸大建. ESG 不是伦理道德，而是企业向可持续商业转型的新工具［EB/OL］.（2023-12-22）［2024-06-25］. https://www. thepaper. cn/newsDetail_forward_25750213.

63. 唐玮婕. 人人都谈论的 ESG，企业实现社会责任目标的必答题？［EB/OL］.（2022-02-14）［2024-06-26］. https://www. thepaper. cn/newsDetail_forward_16658214.

64. 高明华. ESG 的喜和忧与本源回归［EB/OL］.（2024-04）［2024-06-26］. https://bs. bnu. edu. cn/xz/e660ee2b7a7b4625a5c87dcb0fb436e8. html.

65. 人民日报海外版. 中国绿色贷款余额超 30 万亿元［EB/OL］.（2024-01-27）［2024-06-27］. https://www. gov. cn/lianbo/bumen/202401/content_6928561. htm.

66. 张羽. 企业社会责任理论研究综述［J］. 国际会计前沿，2022，11(4)：261-266.

附录一　国际 ESG 标准与指南

1. 全球报告倡议组织（Global Reporting Initiative，GRI）

国家：荷兰。

成立时间：1997 年。

指数分类：GRI 标准。

特点：提供全球通用的可持续发展报告框架，被广泛认可和应用。

2. 可持续发展会计准则委员会（Sustainability Accounting Standards Board，SASB）

国家：美国。

成立时间：2011 年（前身可追溯至 2007 年）。

指数分类：SASB 标准。

特点：为美国上市公司提供行业特定的披露标准，关注财务相关的可持续性因素。

3. 气候相关财务信息披露工作组（Task Force on Climate-Related Financial Disclosures，TCFD）

国家：国际性。

成立时间：2015 年。

指数分类：TCFD 建议。

特点：提供气候相关财务信息披露的框架，帮助企业与投资者有效沟通气候风险和机遇。

4. 国际综合报告委员会（International Integrated Reporting Committee，IIRC）

国家：国际性。

成立时间：2010 年。

指数分类：IIRC 综合报告框架。

特点：推动整合财务和非财务信息的综合报告，提供更全面的组织价值创造视角。

5. 国际可持续发展准则委员会（International Sustainability Standards Board，ISSB）

国家：国际性。

成立时间：2021 年。

指数分类：ISSB 标准。

特点：致力于制定全球统一的可持续性披露标准，与国际财务报告准则（IFRS）相协同。

6. 碳信息披露项目（Carbon Disclosure Project，CDP）

国家：英国。

成立时间：2000 年。

指数分类：CDP 评分机制。

特点：专注于测量、披露、管理和分享环境信息，尤其是温室气体排放。

7. 气候披露标准委员会（Climate Disclosure Standards Board，CDSB）

国家：国际性组织。

成立时间：2007 年。

指数分类：CDSB 本身不提供指数，而是提供报告框架和指南，帮助企业披露与气候变化相关的信息。

特点：帮助企业更好地理解和报告其活动对气候变化的影响。

8. 国际标准化组织（International Organization for Standardization，ISO）

国家：国际性组织。

成立时间：1947 年。

指数分类：ISO 不提供指数，而是制定和发布国际标准。

特点：发布了一系列与环境和社会责任相关的标准，如 ISO 14001 环境管理体系标准。

附录二　ESG 相关法律法规汇编

一、国际部分

1944 年	《布雷顿森林协定》成立国际货币基金组织（IMF）和世界银行，为后来的环境和社会标准奠定基础
1972 年	联合国成立环境规划署（UNEP），开始关注全球环境问题
1972 年	联合国人类环境会议通过《联合国人类环境会议宣言》（《斯德哥尔摩宣言》），强调全球环境保护的重要性
1987 年	联合国发布《我们共同的未来》报告，首次提出"可持续发展"概念
1997 年	《联合国气候变化框架公约》第三次缔约方会议通过《京都议定书》，旨在减少温室气体排放
2000 年	全球报告倡议组织（GRI）发布第一份可持续发展报告指南
2003 年	欧盟立法制定的两项强制性指令，即《限制某些有害物质在电子电气设备中使用指令》（RoHS 指令）和《报废电子电气设备指令》（WEEE 指令），共同推动了电子电气行业的绿色供应链建设和环境管理，是欧盟在环境政策领域的重要举措
2004 年	联合国全球契约组织（UNGC）发布《在乎者即赢家》报告，首次提出 ESG 概念
2006 年	联合国成立负责任投资原则组织（PRI），推动 ESG 投资原则
2010 年	国际标准化组织（ISO）发布 ISO26000《社会责任指南》，提供社会责任实践的指导
2011 年	联合国人权理事会通过《工商企业与人权指导原则》，强调企业在尊重和促进人权方面的责任
2012 年	欧盟实施《另类投资基金经理指令》（AIFMD），要求另类投资基金考虑 ESG 因素
2013 年	欧盟发布《企业治理准则》，鼓励企业在治理中考虑 ESG 因素
2013 年	国际综合报告委员会（IIRC）发布《综合报告框架》，奠定了综合信息披露框架机制
2014 年	欧盟发布《非财务报告指令》（NFRD），要求特定大型企业披露环境和社会信息

续　表

2015 年	联合国气候变化大会通过《巴黎协定》,加强全球应对气候变化的行动
2015 年	联合国通过《2030 年可持续发展议程》和 17 个可持续发展目标(SDGs)
2015 年	欧盟发布《循环经济行动计划》,旨在通过减少废物和促进资源循环利用来推动经济转型,并于 2020 年修订
2016 年	欧盟发布《可持续增长战略》,强调绿色和数字经济的重要性
2017 年	金融稳定理事会(FSB)成立气候相关财务信息披露工作组(TCFD),发布气候风险披露建议
2019 年	欧盟发布《欧洲绿色协议》,提出到 2050 年实现碳中和的宏伟目标
2021 年	国际财务报告准则基金会(IFRS Foundation)宣布成立国际可持续发展准则理事会(ISSB),推动全球可持续发展披露标准
2022 年	欧盟通过《企业可持续性报告指令》(CSRD),要求更多企业披露 ESG 信息
2023 年	国际财务报告准则基金会宣布 ISSB 将发布全球可持续发展披露标准

二、中国部分

1990 年	发布《国务院关于进一步加强环境保护工作的决定》,强调环境保护的重要性
1992 年	中国批准《联合国气候变化框架公约》(UNFCCC),承诺采取措施应对气候变化
1994 年	中国发布《中国 21 世纪议程》,这是中国对联合国环境与发展议程的响应,包括可持续发展的多个方面
1995 年	中国实施《中华人民共和国劳动法》,规定了劳动者权益保护的基本原则和要求
1998 年	中国签署《京都议定书》,进一步承诺减少温室气体排放
2001 年	中国加入世界贸易组织(WTO),开始更加重视企业社会责任和国际贸易中的环境标准
2002 年	中国证监会发布《上市公司治理准则》,强调上市公司治理的重要性
2003 年	中国实施《中华人民共和国环境影响评价法》,要求对建设项目进行环境影响评估
2003 年	中国实施《中华人民共和国清洁生产促进法》,鼓励企业采取清洁生产技术和管理措施

2007 年	国家环境保护总局发布首部《环境信息公开办法（试行）》，要求企业公开环境信息
2007 年	中国证监会发布《上市公司信息披露管理办法》（第 40 号）
2012 年	中国银保监会发布《绿色信贷指引》，鼓励银行业金融机构发展绿色信贷，支持环保项目
2012 年	香港联合交易所首次发布《环境、社会及管治报告指引》，作为上市公司自愿性披露建议
2012 年	中国证监会发布《公开发行证券的公司信息披露内容与格式准则第 2 号——年度报告的内容与格式（2012 年修订）》，增加了对社会责任信息披露的要求
2014 年	《中华人民共和国环境保护法》发布，要求重点排污企业向社会公开其主要污染物的名称、排放方式、排放浓度等情况，并接受大众的监督
2016 年	国务院国资委发布《关于国有企业更好履行社会责任的指导意见》，要求建立健全社会责任报告制度，加强社会责任日常信息披露
2016 年	国务院发布"十三五"规划纲要，提出建立绿色金融体系，推广绿色低碳产业
2016 年	中国人民银行、财政部等七部委联合发布《关于构建绿色金融体系的指导意见》，提出构建绿色金融体系的目标和措施
2017 年	发布《中国证监会关于支持绿色债券发展的指导意见》，推动绿色债券市场发展
2018 年	中国证监会发布《上市公司治理准则》修订版，要求上市公司加强公司治理
2018 年	中国社会科学研究院发布《中国企业社会责任报告编写指南基础框架》（CASS-CSR4.0）
2018 年	发布《生态环境部关于生态环境领域进一步深化"放管服"改革，推动经济高质量发展的指导意见》，鼓励环保技术创新和产业发展
2021 年	生态环境部发布《企业环境信息依法披露管理办法》
2021 年	中国证监会修订《上市公司信息披露管理办法》，进一步强化上市公司 ESG 信息披露要求
2022 年	深圳证券交易所发布《深圳证券交易所股票上市规则（2022 年修订）》，强化 ESG 信息披露要求
2022 年	中国人民银行发布《金融机构环境信息披露指南》
2022 年	中国银保监会发布《银行业保险业绿色金融指引》，推动银行业保险业绿色金融发展
2022 年	中国证监会发布《上市公司投资者关系管理工作指引》，强调上市公司与投资者之间的沟通，包括 ESG 信息的交流，并于 2022 年 5 月 15 日起施行

2023 年	国务院国资委颁布《关于转发〈央企控股上市公司 ESG 专项报告编制研究〉的通知》，进一步推动 ESG 信息披露
2024 年	中国证监会、上海证券交易所、深圳证券交易所和北京证券交易所联合发布上市公司可持续发展报告指引，推动上市公司全面披露 ESG 信息
2024 年	财政部发布《企业可持续披露准则——基本准则（征求意见稿）》
2024 年	发布《中共中央关于进一步全面深化改革、推进中国式现代化的决定》
2024 年	发布《中共中央、国务院关于加快经济社会发展全面绿色转型的意见》
2024 年	印发《中国人民银行、国家发展改革委、工业和信息化部、财政部、生态环境部、金融监管总局、中国证监会、国家外汇局关于进一步做好金融支持长江经济带绿色低碳高质量发展的指导意见》

附录三 ESG 认证和评级机构

1. 明晟（MSCI）

国家：美国。

成立时间：1968 年（ESG 评级方法始于 2007 年）。

指数分类：MSCI ESG 指数系列。

特点：提供全球行业分类准则（GICS）基础的 ESG 评级，广泛用于投资决策。

2. 晨星（Sustainalytics）

国家：荷兰。

成立时间：2008 年。

指数分类：ESG 风险评级。

特点：专注于提供独立的 ESG 研究和评级服务，强调实质性 ESG 议题。

3. 标普全球（S&P Global）

国家：美国。

成立时间：2011 年（由麦格劳-希尔公司的标准普尔部门发展而来）。

指数分类：S&P 500 ESG 精英指数，S&P 全球 1200 严选指数等。

特点：为全球提供广泛的金融信息和分析服务，包括 ESG 数据和评级。

4. 富时罗素（FTSE Russell）

国家：英国。

成立时间：2015 年（FTSE4Good 指数系列始于 2001 年）。

指数分类：FTSE4Good 社会责任指数。

特点：提供全面的 ESG 评价服务，关注企业的可持续性和长期价值创造。

5. 碳信息披露项目（CDP）

国家：英国。

成立时间：2000 年。

指数分类：CDP 气候评级。

特点：专注于测量、披露、管理和分享环境信息，尤其是温室气体排放。

6. 瑞士通用公证行（RobecoSAM）

国家：瑞士。

成立时间：1995 年。

指数分类：道琼斯可持续发展指数（DJSI）的合作伙伴。

特点：提供企业可持续性评估，与 DJSI 合作，评估企业在可持续发展方面的表现。

7. Vigeo Eiris

国家：法国。

成立时间：2002 年。

指数分类：Vigeo Eiris 评级。

特点：提供 ESG 评级和研究，专注于企业社会责任和道德风险。

8. 路孚特（Refinitiv）

国家：英国。

成立时间：2018 年（前身为汤森路透金融与风险部门）。

指数分类：Refinitiv ESG 评分。

特点：提供全面的 ESG 数据和评分，涵盖环境影响、社会影响和治理因素。

9. 彭博（Bloomberg）

国家：美国。

成立时间：1981 年（ESG 数据服务始于 2009 年）。

指数分类：Bloombery ESG 数据。

特点：提供 ESG 数据和分析工具，帮助投资者评估企业 ESG 风险和机会。

10. 万得资讯（Wind Information）

国家：中国。

成立时间：1998 年（ESG 评级服务始于 2017 年）。

指数分类：Wind ESG 评级。

特点：结合中国公司 ESG 信息披露政策，提供独具特色的中国公司 ESG 评级体系。

附录四　ESG 关键术语解释

A

– artificial intelligence（AI）　人工智能

由计算机系统执行的与人类智能相关的功能,如学习、推理、自我修正和感知。

– annual general meeting(AGM)年度股东大会

公司或组织每年召开一次的强制性会议,股东或成员齐聚一堂,就重要的业务事项进行讨论和投票。

B

– biodiversity　生物多样性

地球上所有生物的多样性,包括植物、动物和微生物。

– best-in-class investment　同类最优

一种常见的 ESG 投资策略,即从某个行业中选出 ESG 表现最优的企业。

C

– carbon footprint　碳足迹

个人、组织、事件或产品在其生命周期中直接或间接产生的温室气体总量。

– circular economy　循环经济

旨在减少浪费和资源消耗的经济模式,通过回收和再利用来延长资源的使用寿命。

– corporate social responsibility（CSR）　企业社会责任

企业在其商业运作中承担的对社会和环境责任。

– climate change　气候变化

全球温室气体排放引起的全球气温上升现象。

– climate change adaptation　气候变化适应

适应不断变化的气候,包括适应实际或预期的未来气候事件,从而提高社会对气候变化的抵御能力,降低自然系统和人类系统的脆弱性。

–　consumer protection　消费者保护

国家通过立法、行政和司法活动,保护消费者在消费领域依法享有的权益。

D

–　data privacy　数据隐私

保护个人数据不被未授权访问、公开或滥用的实践。

–　digital disruption　数字颠覆

新数字时代发生的变化,以及新技术和商业模式影响现有商品和服务的价值主张。

E

–　eco-friendly　生态友好

对环境影响较小的产品、服务或做法。

–　emissions reduction　排放减少

采取措施减少温室气体或其他污染物的排放。

–　ESG(environmental, social, and governance)　环境、社会和公司治理

在投资决策中考虑的三个核心维度:环境影响、社会责任和公司治理结构。

–　extraordinary general meeting(EGM)　特别股东大会

在预定的年度股东大会(AGM)以外的时间召集公司所有股东、组织成员或办公室员工参加的会议。

G

–　governance　公司治理

组织内部决策过程、权力结构和法律框架。

–　green bonds　绿色债券

旨在资助环保项目的债券。

–　green finance　绿色金融

支持环境改善、应对气候变化和促进资源节约高效利用的金融活动。

–　greenhouse gases(GHGs)　温室气体

大气中能吸收地面反射的长波辐射,并重新发射辐射的一些气体,如水汽(H_2O)、二氧化碳(CO_2)、氧化亚氮(N_2O)、氟利昂、甲烷(CH_4)等是地球大气中主要的温室气体。

I

- impact investing   影响力投资

旨在产生积极的社会或环境影响,同时获得财务回报的投资。

- internal social factors   内部社会因素

公司内部的社会因素,如死亡人数、员工待遇、性别平衡和薪酬比率。

- investors   投资者

投入现金购买某种资产,期望获取利益或利润的自然人和法人。

- living wage   生活工资

足以支付工人基本工资的生活费用,如食物、衣服、住房、医疗保健和教育。

M

- materiality   重要性

在 ESG 报告中,指对企业运营和战略有实质性影响的因素。

N

- natural capital   自然资本

自然界提供的资源和服务,如清洁空气、水和土壤。

P

- product liability   产品责任

由于产品有缺陷,造成了产品的消费者、使用者或其他第三者的人身伤害或财产损失,依法应由生产者或销售者分别或共同负责赔偿的一种法律责任。

R

- renewable energy   可再生能源

来自自然界且可不断更新的能源,如太阳能、风能、水能等。

- risk management   风险管理

识别、评估和控制潜在风险的过程。

- responsible investment   责任投资

将 ESG 因素融入投资决策和积极所有权的一种策略和实践。

- risk mitigation   风险缓解

风险管理过程中的一个关键步骤,指的是规划和制定备选方案的战略,以减少企业经常面临的威胁。

S

－　Sustainable Development Goals(SDGs)　可持续发展目标

联合国制定的 17 个全球发展目标,旨在解决贫困、不平等、气候变化等问题。

－　social responsibility　社会责任

企业在追求经济利益的同时,对社会和环境影响承担的责任。

－　stakeholder　利益相关方

与企业的决策或活动有利益关系的个人或团体。

－　supply chain management　供应链管理

对供应链中的物流、信息流和资金流进行整体协调和管理。

－　sustainability reporting　可持续性报告

企业发布的关于其经济、环境和社会绩效的报告。

－　scope 1, 2, and 3 emissions　范围 1,2,3 排放

应用最为广泛的国际排放核算工具,温室气体(GHG)核算体系,将温室气体排放分为三类或三个"范围"。范围一用于核算企业拥有或控制的排放源产生的直接排放量。范围二用于核算企业外购电力、蒸汽、供热或制冷的生产而产生的间接排放量。范围三用于核算企业价值链中产生的所有其他间接排放量。

T

－　technology for good　科技向善

利用技术解决社会和环境问题,推动可持续发展。

－　transparency　透明度

企业公开信息的程度,包括财务报告、业务实践和政策。

U

－　UN Global Compact　联合国全球契约组织

联合国支持的一个倡议,旨在鼓励企业遵守在人权、劳工、环境和反腐败方面的十项原则。

V

－　value chain　价值链

企业生产和交付产品或服务的一系列活动。

－　venture capital　风险投资

投资者为初创公司或小型企业提供资金,以期获得高额回报。

W

- waste management   废物管理

对固体废物、液体废物和气体废物的收集、运输、处理和处置。

- World Commission on Environment and Development   世界环境与发展委员会

亦称为布伦特兰委员会（Brundland Commission），是环境保护和可持续发展领域具有重大影响力的国际组织。

X

- X-inefficiency   X 无效率

企业或组织在运营中存在的效率低下现象，可能导致资源浪费和成本增加。

Y

- youth empowerment   青年赋权

通过教育、培训和社会参与提高青年的能力和社会地位。

Z

- zoning regulations   区域规划法规

地方政府对特定区域土地使用和建筑活动的法律限制。

图书在版编目(CIP)数据

ESG入门指南/刘潇主编.--上海:复旦大学出版
社,2025.6.--(策马ESG系列/唐兴主编).
ISBN 978-7-309-17792-3

Ⅰ.X322.2

中国国家版本馆CIP数据核字第2025A0507U号

ESG入门指南
ESG RUMEN ZHINAN
刘　潇　主编
责任编辑/李　荃

复旦大学出版社有限公司出版发行
上海市国权路579号　邮编:200433
网址:fupnet@fudanpress.com　http://www.fudanpress.com
门市零售:86-21-65102580　　团体订购:86-21-65104505
出版部电话:86-21-65642845
上海华业装璜印刷厂有限公司

开本787毫米×1092毫米　1/16　印张12.5　字数216千字
2025年6月第1版第1次印刷

ISBN 978-7-309-17792-3/C·460
定价:52.00元